Heft 9. 15. September 1907.

# Berichte

des

# Verbandes der Laboratoriums-Vorstände

## an deutschen Hochschulen.

Inhalt



Leipzig
Verlag von Veit & Comp.
1907

# Berichte

des

# Verbandes der Laboratoriums-Vorstände

an deutschen Hochschulen.

**Neuntes Heft.**

(15. September 1907.)

**Leipzig**
Verlag von Veit & Comp.
1907

# INHALT.



## Berichtigungen zu Bericht 8.

a) Druckfehler. S. 19 ist irrtümlich F. statt E. v. Meyer angegeben. Die Zahlen unter dem Strich in der Übersicht auf S. 68/69 sind zu verändern: unter II in 21, unter IV in 3, die eingeklammerten Zahlen (2) in den Kolumnen III und V in (4).

b) Die Zeugnisse 4133, 4404 und 4495 sind versehentlich schon in Bericht 7 aufgeführt und daher dort, auf S. 12, 17 resp. 25 zu streichen. Zweimal aufgeführt ist das Zeugnis 5188 auf S. 14 und 15 (VIII).

c) Falsche Nummern sind angegeben für die Kandidaten:

| | | | | | |
|---|---|---|---|---|---|
| R. Westram, | S. 13, | nämlich | 4198 | statt | **4189**, |
| H. Hübner, | S. 13, | » | 4193 | » | **4391**, |
| J. Holländer, | S. 13, | » | 1835 | » | **5183**, |
| Otto Fritze, | S. 23, | » | 4536 | » | **4530**. |

d) Zu streichen ist das Zeugnis **4503** für James König, S. 25.

e) Nachzutragen ist für Carl Bunte, S. 39 (No. 15) unter Vorbildung ein D.

## Duplikate.

Im Laufe des Jahres ist der Verlust folgender Zeugnisse angezeigt worden. Die Inhaber erhielten Duplikate.

| | Inhaber | Aussteller |
|---|---|---|
| No. **1146** | Wadim von Reußner, | Prof. Curtius. |
| » **5448** | R. Grün, | » Knorr (erhielt No. **5458**). |
| » **2693** | Josef Breslauer, | » Auwers. |

## A

# Das Braunschweiger Statut

## des Verbandes der Laboratoriums-Vorstände an deutschen Hochschulen.

---

1. Zur Pflege und Förderung des chemischen Unterrichtes an den deutschen Universitäten und technischen Hochschulen bilden die Vorstände der chemischen Unterrichtslaboratorien einen Verband, der den Namen

**„Verband der Laboratoriums-Vorstände an deutschen Hochschulen"**

führt und seinen Sitz in München hat.

2. Mitglied des Verbandes wird auf seinen Antrag jeder Vorstand eines chemischen Unterrichtslaboratoriums an einer der unter 1. genannten Anstalten.

3. Der Verband verfolgt seine Zwecke:
   a) durch den Verkehr mit Behörden und anderen Körperschaften;
   b) durch Vereinbarungen über gemeinsame Maßnahmen zur Sicherung einer gründlichen Ausbildung der Studierenden;
   c) durch die Herausgabe einer Verbandszeitschrift;
   d) durch den persönlichen Verkehr der Mitglieder.

4. Die Angelegenheiten des Verbandes werden durch einen Vorstand geleitet, der aus folgenden Gliedern besteht:

Erster und zweiter Vorsitzender;
Schriftführer, zugleich Leiter der Verbandszeitschrift;
Schatzmeister;
Zwei Beisitzer.

Die Glieder des Vorstandes werden auf je drei Jahre gewählt; jährlich scheiden zwei von ihnen aus; Wiederwahl ist zulässig.

5. Der Verband tritt in der Regel jährlich zu einer Hauptversammlung zusammen, welche den Rechenschaftsbericht des Vorstandes entgegennimmt, die Wahlen ausführt, über Zeit und Ort der nächsten Versammlung, sowie über eingelaufene Anträge beschließt.

Die Hauptversammlung beschließt mit einfacher Mehrheit; für Satzungsänderungen ist Zweidrittelmehrheit erforderlich.

Außerordentliche Versammlungen können durch den Vorstand und müssen auf Antrag von einem Drittel der Mitglieder einberufen werden.

---

Der Verband stellt sich zunächst folgende Aufgaben:

Zum Abschluß der Vorbildung der Studierenden findet eine praktische Prüfung in qualitativer, quantitativer und Maß-Analyse, ferner eine mündliche Prüfung in der unorganischen, analytischen Chemie und in den Elementen der organischen Chemie statt, welche in der Regel durch den unmittelbaren

Lehrer des Studierenden (Assistent, Abteilungsvorstand) in Gegenwart des Direktors abgenommen wird. Diese Prüfung ist einheitlich an allen dem Verband angehörigen Laboratorien, sie steht in keinem Zusammenhange mit dem Doktor- oder Diplom-Examen oder mit der Frage des Staatsexamens und gilt nur als Ausweis über die vom Verbande geforderten Kenntnisse.

Der Verband sieht es ferner als seine Aufgabe an, den Studierenden der technischen Hochschulen die Zulassung zur Promotion, sowie umgekehrt den Studierenden der Universitäten die Zulassung zu den Diplomprüfungen möglichst zu erleichtern.

Endlich soll der Verband eine korporative Vertretung gegenüber Behörden, Ministerien usw. bilden.

Die Berichte des Verbandes werden etwa Mitte September herausgegeben; sie enthalten die Register über die an den einzelnen Laboratorien ausgestellten Verbandszeugnisse und über die vollzogenen Promotionen (mit Angabe der bearbeiteten Themen) und die dazu gehörigen nach Hochschulen geordneten Übersichten.

Die Berichte können gegen Einsendung von 1 ℳ und 10 ₰ für Porto vom Sekretär des Verbandes, Dr. W. Böttger, Leipzig, Linnéstraße 2, bezogen werden.

---

Der Verband ist in Braunschweig am 19. September 1897 gegründet worden und trat mit dem 1. April 1898 in Tätigkeit. Das Geschäftsjahr beginnt am 1. Oktober. Der Jahresbeitrag ist an den Schatzmeister Herrn Prof. Dr. Liebermann, Berlin W., Matthäikirchstr. 29 durch Postanweisung mit bezüglichem Vermerk einzusenden.

Verzeichnis des Vorstandes und der Mitglieder siehe Seite 13.

# B

# Ausführungsbestimmungen

## für die Verbandsprüfung,

**angenommen in der Verbandsversammlung vom 12. März 1898.**

---

§ 1.

Das Verbandsexamen besteht aus einer praktischen Prüfung in qualitativer, quantitativer und Maßanalyse und ferner in einer mündlichen Prüfung in analytischer und unorganischer Chemie, sowie in den Elementen der organischen Chemie.

§ 2.

Der Zweck dieser Prüfung ist ein dreifacher. Für die Studierenden soll dieselbe ein Abschluß für die Vorbereitungsstudien sein. Den Laboratoriumsvorständen soll dadurch ein Mittel an die Hand gegeben werden, um einerseits zu kontrollieren, ob die in ihrem Laboratorium arbeitenden Studierenden nach allen Seiten hin in der elementaren Chemie hinreichend ausgebildet sind; und anderseits die fremden Studierenden, welche von anderen Hochschulen oder von Privatlaboratorien kommen, auf ihre Kenntnisse zu prüfen und eventuell zu einer Repetition zu veranlassen. Drittens soll die Prüfung den Industriellen oder anderen Personen, welche Chemiker anstellen, eine Garantie dafür geben, daß der Bewerber die notwendigen elementaren Kenntnisse besitzt. Die bisherigen Einrichtungen haben erfahrungsmäßig hierfür nicht ausgereicht.

§ 3.

Da durch die Verbandsprüfung eine gleichmäßige Ausbildung der Studierenden in den Elementen erzielt werden soll, so ist selbstverständlich, daß die Anforderungen an allen Hochschulen in sachlicher Beziehung einheitlich sein müssen. Dagegen kann die Form, in der sich der Lehrer von dem Vorhandensein der geforderten Kenntnisse überzeugt, eine verschiedene sein. So kann z. B. an technischen Hochschulen ein Verbandszeugnis auf Grund einer Diplomprüfung oder einer Schlußprüfung ausgestellt werden, wenn in letzteren mindestens ebensoviel verlangt wird als in der Verbandsprüfung. Auch an Universitäten soll kein besonderer Modus für das Examen vorgeschrieben werden. Es bleibt dem Examinator überlassen, wie er sich von dem Vorhandensein der Kenntnisse überzeugen will, er haftet aber durch seine Namensunterschrift dafür, daß der Kandidat zur Zeit der Prüfung die vom Verbande geforderten Kenntnisse besessen hat. Verbandszeugnisse auf

Grund der Versicherung eines Studierenden, daß er die geforderten Kenntnisse besitze, oder auf das Zeugnis eines anderen Lehrers hin auszustellen, ist daher unzulässig. Was die Ausführung der praktischen Prüfung betrifft, so kann die Überwachung derselben von dem Vorstande einem Abteilungsvorstand oder Assistenten übertragen werden, der Vorstand übernimmt aber persönlich die Verantwortung und bescheinigt das Bestehen der Prüfung durch seine Namensunterschrift. In Laboratorien, wo ein Laboratoriumsjournal eingeführt ist, kann das Bestehen der praktischen Prüfung auch auf Grund dieses Journals bezeugt werden.

## § 4.

Die praktische Prüfung und die mündliche Prüfung in der analytischen und in der unorganischen Chemie muß an ein und derselben Hochschule innerhalb 6 Monaten abgelegt werden. So kann z. B. die praktische Prüfung am Ende des Sommersemesters, die mündliche zu Anfang des Wintersemesters stattfinden. Stets muß aber die praktische Prüfung der mündlichen vorangehen. Verbandszeugnisse über die praktische Prüfung allein haben daher an einer anderen Hochschule keine Gültigkeit.

Die mündliche Prüfung in organischer Chemie kann auch an einer anderen Hochschule und zu einer beliebigen Zeit abgehalten werden.

## § 5.

Als erstrebenswertes Ziel wird hingestellt, daß der Examinator nur solche Studierende examiniert, die in seinem Laboratorium gearbeitet haben. Den tatsächlichen Verhältnissen entsprechend, ist es indessen auch gestattet, fremde Studierende zu prüfen, namentlich auch solche, welche auf ausländischen Anstalten studiert haben. Beanspruchen können die Zulassung indessen nur diejenigen, welche mindestens ein Semester in dem betreffenden Laboratorium gearbeitet und sich nach Ansicht des Vorstandes die nötigen Kenntnisse erworben haben. Der Eintritt in den Verband verpflichtet den Laboratoriumsvorstand, solche Studierende zu prüfen, während die Prüfung von anderen seinem freien Ermessen anheimgestellt wird. Die Prüfung erfolgt auf Antrag des Studierenden oder auf Wunsch des Vorstandes. Besteht der Studierende die Prüfung nicht, so wird auch kein Zeugnis ausgestellt. Vorschriften über die Wiederholung der Prüfung werden nicht gegeben.

Die Verbandsmitglieder sind verpflichtet, nur solchen Studierenden, welche die Verbandsprüfung bestanden haben, ein Thema für eine Doktorarbeit zu geben.

§ 6.

## Umfang der Verbandsprüfung.

### Die praktische Prüfung.

Die praktische Prüfung zerfällt in drei Teile:

a) Ausführung einer qualitativen Analyse.

In dieser Prüfung wird gefordert, daß der Kandidat in einem eigens zu diesem Zweck dargestellten Gemisch alle Bestandteile nachweist. Das Gemisch soll eine größere Anzahl von Stoffen enthalten, aber nur solche, welche in dem allgemein üblichen Gang der Analyse vorkommen.

b) Quantitative Analyse.

In der quantitativen Analyse wird das Hauptgewicht auf die Genauigkeit der Bestimmung gelegt. Dem Kandidaten ist die qualitative Zusammensetzung der Mischung mitzuteilen, er hat darin zwei bis drei Stoffe, deren Trennung und Bestimmung in dem üblichen analytischen Gang vorkommen, quantitativ zu bestimmen.*)

c) Maßanalytische Aufgabe.

Bei diesem Teile der Prüfung muß der Kandidat alle zur Verwendung kommenden Normallösungen selbst darstellen.

---

*) Da die Ansichten über das, was in der quantitativen Analyse gefordert werden muß, ziemlich weit auseinandergehen, sind im folgenden einige Beispiele von Aufgaben aufgeführt:

1. Gemisch von Chlorkalium und Jodkalium.
   In einer Portion ist Jod und Chlor zu bestimmen, in einer zweiten Alkali als Sulfat.
2. Kupfersulfat und Mohrsches Salz.
   In einer Portion Kupfer und Eisen.
3. Kupfersulfat und Zinksulfat.
   In einer Portion Kupfer und Zink, in einer zweiten Schwefelsäure.
4. Magnesiumsulfat und Kaliumsulfat, nicht das Doppelsalz.
   In einer Portion Magnesium und Kalium, in einer zweiten Schwefelsäure.
5. Quecksilberchlorid und Wismutnitrat.
6. Chromalaun und Tonerdealaun.
7. Kaliumpermanganat und Kupfersulfat.
8. Chlorkalium, Chlornatrium, Chlorammonium.
   In einer Portion Kalium und Natrium, in einer zweiten Chlor.
9. Schwefelkadmium und Zinnober mit Schwefel gemengt.
   Schwefel durch Schmelzen zu oxydieren und als Baryumsulfat zu bestimmen.
10. Reiner Orthoklas und Quarzpulver.
    Kieselsäure- und Tonerdebestimmung.

### Die mündliche Prüfung.

Die mündliche Prüfung zerfällt in drei Abschnitte:

a) Analytische Chemie.

In der qualitativen Analyse soll der Kandidat den Nachweis der in dem üblichen Gang vorkommenden Stoffe kennen. In der quantitativen Analyse wird die Kenntnis der Trennungs- und Bestimmungsmethoden der wichtigeren Elemente und ihrer Verbindungen verlangt.

b) Unorganische Chemie.

In diesem Fache wird die Kenntnis der Disziplin in dem Umfange gefordert, wie sie in der Regel in den Vorlesungen über unorganische Experimentalchemie vorgetragen wird.

c) Organische Chemie.

Kenntnisse der Grundsätze der organischen Chemie.

**v. Baeyer,** Vorsitzender. **E. Beckmann,** Schriftführer.

## Erläuterungen.

1. **Vorbildung.** In dieser Rubrik ist anzugeben, welche Art von Schule und bis zu welcher Stufe sie absolviert ist, oder die bereits bestandene staatliche Prüfung (Apotheker) resp. der erreichte akademische Grad (Bachelor of Science). Näheres ist darüber auf den Registern der Verbandszeugnisse angegeben.

2. **Examinator.** Durch Eintragung der Namensunterschrift in die mit Examinator bezeichnete Kolumne wird bescheinigt, daß der Kandidat den betreffenden Teil der Prüfung bestanden hat. In dieser Rubrik sind nur die Namen der Mitglieder des Verbandes anzugeben, dagegen nicht die Namen der etwa examinierenden Assistenten oder Abteilungsvorsteher. Ist der Laboratoriumsvorstand durch Krankheit oder längere Abwesenheit verhindert, so tritt der amtliche Stellvertreter nach erfolgter Anzeige beim Vorstande des Verbandes in alle Rechte und Pflichten des Laboratoriumsvorstandes dem Verbande gegenüber ein.

3. **Art der Prüfung.** Diese Kolumne wird ausgefüllt mit V. oder D. oder N. — V. bedeutet »Verbandsprüfung«, D. »Diplomprüfung« und N. »Nahrungsmittelchemikervorprüfung«.

4. **Gültigkeit** erhält das Verbandszeugnis erst durch das Bestehen in allen vier Teilen der Prüfung. Der Examinator, welcher zuletzt prüft, fertigt das Zeugnis aus, indem er seinen Namen in die zweite Kolumne einträgt und außerdem den Passus: »In das Register eingetragen« mit Datum und mit seiner Namensunterschrift versieht.

5. **Eintragung in die Listen.** Jede erledigte Prüfung wird in das weiße Register eingetragen. Dieses verbleibt im Laboratorium, das gelbe wird Ende des Winter-, spätestens Anfang des Sommersemesters an den Schriftführer*) des Verbandes gesandt. Auf Grund dieser Listen erfolgt die Veröffentlichung in den vom Verband herausgegebenen Berichten. Die Bekanntgabe einer Prüfung an den Verband erfolgt aber erst, nachdem alle Teile derselben erledigt sind. Es sind demgemäß in die gelben Listen, die dem Schriftführer eingesandt werden, nur die Kandidaten aufzunehmen, die auch die Prüfung in organischer Chemie bestanden haben. Hat ein Kandidat die Prüfung an zwei Laboratorien abgelegt, so wird er nur in der gelben Liste desjenigen Mitgliedes geführt, bei welchem der letzte Teil erledigt worden ist. Als Nummer des Zeugnisses ist die auf dem Deckel des Büchelchens aufgedruckte Nummer in das Register einzutragen. — Fehlanzeigen sind nicht erforderlich.

6. **Aushändigung unvollständiger Zeugnisse.** Erst nachdem die praktische Prüfung, sowie die mündlichen Prüfungen in unorganischer und analytischer Chemie bestanden und im Zeugnisformular bescheinigt worden sind, darf dieses, nach Eintragung in die weiße Liste dem Studierenden zur Legitimation ausgehändigt werden.

7. **Meldung zur Promotion.** Die Studierenden werden gebeten, bei den Eingaben um Zulassung zur Promotion neben den anderen Papieren auch das Verbandszeugnis zwecks Erleichterung der statistischen Zusammenstellung vorzulegen.

8. **Ausstellung eines Duplikats.** Wenn ein Zeugnis verloren geht oder durch Beschädigung unbrauchbar wird, kann dem Kandidaten ein Duplikat ausgestellt werden. Entsprechende Formulare ohne aufgedruckte Nummer können im Bedarfsfalle vom Schriftführer oder Sekretär bezogen werden. Der Name des Empfängers eines Duplikats und die Zeugnisnummer werden im nächsten Verbandsbericht bekannt gegeben. Bei der Bestellung eines Duplikatformulars wolle man daher gleich die entsprechenden Angaben machen.

---

*) Prof. E. Beckmann, Leipzig, Brüderstraße 34, resp. an den Sekretär des Verbandes, Dr. W. Böttger, Leipzig, Linnéstraße 2.

C

# PROTOKOLL

der

## IX. Jahresversammlung der Laboratoriumsvorstände deutscher Hochschulen

am 16. September 1906

im Laboratorium für Allgem. Chemie der K. Techn. Hochschule zu Stuttgart.

---

Anwesend die Herren: v. Baeyer, Bunte, v. Hell, Hantzsch, Krafft, v. Meyer, Ruff, Wislicenus.

Die Herren Beckmann und Liebermann haben ihr Fernbleiben entschuldigt.

1. Wegen Abwesenheit des Schatzmeisters verliest der Sekretär den von Herrn Liebermann eingesandten Kassenbericht über das abgelaufene Jahr.

### Kassenbericht.

a) Einnahmen:

| | | |
|---|---|---|
| Kassenbestand vom Vorjahre . . . . | ℳ | 496.52 |
| 62 Mitgliederbeiträge à 20 ℳ . . . . | » | 1240.— |
| Eingezahltes Bestellgeld . . . . . . | » | —.20 |
| Zinsen . . . . . . . . . . . . . | » | 24.25 |
| Gesamteinnahme | ℳ | 1760.97 |

b) Ausgaben:

| | | |
|---|---|---|
| Sondervergütung für den Gehilfen des Schriftführers . . . . . . . . | ℳ | 50.— |
| Gehalt des Gehilfen des Schriftführers | » | 150.— |
| Reisevergütung, Protokollführung für denselben . . . . . . . . . . | » | 150.— |
| Abrechnung der Buchhandlung für Bericht Nr. 7 . . . . . . . . | » | 537.65 |
| Drucksachen, Porti, Diverse . . . . | » | 121.60 |
| Gesamtausgabe | ℳ | 1009.25 |

c) Gesamtübersicht:

| | | |
|---|---|---|
| Summe der Einnahmen . . . . . . . | ℳ | 1760.97 |
| » » Ausgaben . . . . . . . | » | 1009.25 |
| Kassenbestand am 1. August 1906 | ℳ | 751.75 |

Auf Antrag des Vorsitzenden prüfen die Herren Krafft und Ruff das Kassenbuch. Die Richtigkeit des Berichts wird bestätigt und dem Schatzmeister von der Versammlung Entlastung erteilt. — In betreff des Mitgliederbeitrages schließt sich die Versammlung einem schriftlichen Vorschlage des Schatzmeisters an, es auch für das folgende Jahr bei dem Beitrage von 20 ℳ zu belassen.

2. Das Protokoll über die vorige Versammlung wird vom Sekretär verlesen; eine Bemerkung darüber wird nicht gemacht.

3. Wahl des Vorstandes. An Stelle von Herrn Ostwald, welcher infolge Rückstritts von seinem Amt aus dem Verband scheidet, wird Herr Beckmann als Schriftführer gewählt. Auf Vorschlag des Herrn Wislicenus werden die übrigen Mitglieder des Vorstandes wiedergewählt.

4. Der Sekretär erstattet Bericht über das abgelaufene Jahr. Während desselben sind ausgeschieden infolge Rücktritts von ihrer amtlichen Stellung die Herren Häussermann und Ostwald. Eingetreten ist Herr Paul-München. Gegenwärtiger Bestand: 60 Mitglieder.

5. Auf Anordnung des Vorsitzenden erstattet der Sekretär der Versammlung Mitteilung über die dem 8. Verbandsberichte zum ersten Male beigefügte Übersicht über die Promotionen (S. 68/69), welche das günstige Resultat ergeben hat, daß von 376 Promotionen 349 an Kandidaten vollzogen worden sind, die im Besitze des Verbandszeugnisses waren. Von den Kandidaten ohne Verbandszeugnis haben 20 eine gleich- oder höherwertige Prüfung abgelegt, nur drei sind bestimmt ohne eine solche promoviert worden, und in vier Fällen besteht über die akademische Vorbildung des Kandidaten Ungewißheit. Von diesen fand ein Fall während der Sitzung seine Aufklärung (siehe Berichtigungen 2. Seite).

6. Der Vorsitzende teilt der Versammlung mit, daß zur Erleichterung und Vervollständigung der Berichterstattung über die Tätigkeit des Verbandes neue Register für die Verbandsprüfungen und für die Promotionen hergestellt worden sind. Die Versammlung pflichtet dem Vorschlage des Vorsitzenden bei, daß künftig nur diese neuen Formulare zur Verwendung gelangen sollen. Der Sekretär wird demgemäß beauftragt, an alle Mitglieder neue Listen zu senden.

7. Während der Bearbeitung des letzten Berichts sind gewisse Schwierigkeiten hinsichtlich der Beschaffung der erforderlichen Angaben über die akademische Vorbildung der promovierten Chemiker hervorgetreten. Es wird deshalb von neuem die Frage aufgeworfen und unter vielseitiger Beteiligung diskutiert, ob es zur Behebung dieser Schwierigkeiten wünschenswert ist, allen Kandidaten, welche die Diplomprüfung bestanden haben, ein Verbandszeugnis auszustellen, ohne Rücksicht darauf, ob sie promovieren wollen oder nicht. Die Frage wird schließlich in bejahendem Sinne entschieden.

8. Mit Rücksicht darauf, daß der Sekretär nicht in dem Institut des Herrn Beckmann tätig ist, beschließt die Versammlung ferner, die Listen künftig direkt an den Sekretär einzusenden. Dieser wird demgemäß angewiesen, dies und den Termin für die Einsendung den Mitgliedern in geeigneter Weise zur Kenntnis zu bringen.

9. Es wird ferner beraten, auf welche Weise den Verbandsberichten in den interessierten Kreisen eine größere Verbreitung gegeben werden könne, und es werden dem Sekretär in dieser Beziehung nähere Anweisungen gegeben.

10. Auf Antrag des Vorsitzenden wird die Remuneration des Sekretärs erhöht; die Versammlung setzt das Gehalt (inkl. der Reiseentschädigung zur Jahresversammlung) auf 500 ℳ fest.

Der Vorsitzende schließt die Versammlung und drückt den erschienenen Mitgliedern seinen Dank aus für die rege Teilnahme an den Beratungen.

Herr Bunte richtet darauf an den Vorsitzenden warme Worte der Anerkennung für das dem Verbande gewidmete Interesse, durch das sich der Verband anerkanntermaßen zu einer nützlichen Institution entwickelt hat.

**E. Beckmann,** Schriftführer.

**v. Baeyer,** Vorsitzender.

D

# Mitgliederverzeichnis vom 15. September 1906.

## Vorstand:

Erster Vorsitzender: **A. v. Baeyer**, München.
Zweiter Vorsitzender: **H. Bunte**, Karlsruhe i. B.
Erster Beisitzer: **E. Fischer**, Berlin.
Zweiter Beisitzer: **E. v. Meyer**, Dresden.
Schriftführer u. Leiter d. Berichtes: **E. Beckmann**, Leipzig.
Schatzmeister: **C. Liebermann**, Berlin-Charlottenburg.

## Mitglieder des Verbandes:

Prof. F. B. **Ahrens**, Breslau, Landwirtschaftl.-Technolog. Institut der Univers. Mathiasplatz 5.
» R. **Anschütz**, Bonn, Chem. Univers.-Laborat.
» K. **Auwers**, Greifswald, Chem. Univers.-Laborat.
» A. v. **Baeyer**, München, Arcisstr. 1. Chem. Laborat. d. Akadem. d. Wissenschaften.
» E. **Beckmann**, Leipzig, Brüderstr. 34, Univers.-Laborat. für angew. Chemie.
» H. **Beckurts**, Braunschweig, Technische Hochschule.
» R. **Behrend**, Hannover, Technische Hochschule.
» J. **Bredt**, Aachen, Technische Hochschule.
» E. **Buchner**, Berlin N., Chem. Laborat. d. Landwirtschaftl. Hochschule, Invalidenstr. 72.
» H. **Bunte**, Karlsruhe, Technische Hochschule.
» A. **Classen**, Aachen, Technische Hochschule.
» Th. **Curtius**, Heidelberg, Chem. Univers.-Laborat.
» O. **Dieffenbach**, Darmstadt, Technische Hochschule.
» K. **Elbs**, Gießen, Phys.-chem. Univers.-Laborat.
» C. **Engler**, Karlsruhe, Technische Hochschule.
» H. **Erdmann**, Charlottenburg, Technische Hochschule.
» E. **Fischer**, Berlin N., I. Chem. Univers.-Laborat.
» O. **Fischer**, Erlangen, Chem. Univers.-Laborat.
» J. **Gadamer**, Breslau, Pharmaz. Inst., Schuhbrücke 38/39. I.
» L. **Gattermann**, Freiburg i. B., Chem. Univers.-Laborat.
» A. **Hantzsch**, Leipzig, Chem. Univers.-Laborat.
» C. **Harries**, Kiel, Chem. Univers.-Laborat.
» C. **Hell**, Stuttgart, Technische Hochschule.

Prof. W. **Hempel**, Dresden, Technische Hochschule.
» H. **Kiliani**, Freiburg i. B., Chem. Univers.-Laborat.
» H. **Klinger**, Königsberg i. Pr., Chem. Univers.-Laborat.
» L. **Knorr**, Jena, Chem. Univers.-Laborat.
» G. v. **Knorre**, Charlottenburg, Technische Hochschule, Gr.-Lichterfelde-West, Zehlendorfer Straße 26.
» Fr. **Krafft**, Heidelberg, Wilhelmstr. 2.
» A. **Ladenburg**, Breslau, Chem. Univers.-Laborat.
» M. **Le Blanc**, Leipzig, Phys.-chem. Institut, Linnéstr. 2.
» C. **Liebermann**, Charlottenburg, Technische Hochschule.
» L. **Medicus**, Würzburg, Technologisches Institut der Univers.
» E. v. **Meyer**, Dresden, Technische Hochschule.
» R. **Meyer**, Braunschweig, Technische Hochschule. Chem. Laborat.
» A. **Michaelis**, Rostock i. Meckl., Chem. Univers.-Laborat.
» R. **Möhlau**, Dresden, Technische Hochschule.
» W. **Muthmann**, München, Technische Hochschule, Analyt. Laborat.
» A. **Naumann**, Gießen, Chem. Univers.-Laborat.
» W. **Nernst**, Berlin NW., Phys.-chem. Univers.-Laborat., Bunsenstr. 1.
» C. **Paal**, Erlangen, Pharmazeut.-chem. Inst. d. Univers.
» Th. **Paul**, München, Laborat. f. angew. Chemie, Karlstraße 29.
» O. **Ruff**, Danzig, Technische Hochschule.
» H. **Salkowski**, Münster i. W., Chem. Univers.-Laborat.
» E. **Schmidt**, Marburg i. H., Pharm.-chem. Univers.-Laborat.
» G. **Schultz**, München, Technische Hochschule.
» K. **Seubert**, Hannover, Technische Hochschule.
» M. **Siegfried**, Leipzig, Physiolog. Inst. d. Univers.
» W. **Staedel**, Darmstadt, Technische Hochschule.
» A. **Stutzer**, Königsberg i. Pr., Agrikulturchem. Institut.
» J. **Tafel**, Würzburg, Chem. Institut.
» G. **Tammann**, Göttingen, Anorgan. chem. Institut.
» J. **Thiele**, Straßburg, Chem. Univers.-Laborat.
» B. **Tollens**, Göttingen, Agrikulturchem. Laborat. d. Univers.
» J. **Volhard**, Halle a. S., Chem. Univers.-Laborat.
» O. **Wallach**, Göttingen, Chem. Univers.-Laborat.
» H. **Wichelhaus**, Berlin NW., Technolog. Institut d. Univers., Bunsenstraße 1.
» W. **Wislicenus**, Tübingen, Chem. Univers.-Laborat.
» O. N. **Witt**, Berlin NW. 23, Sigmundshof 21, Technische Hochschule.
» A. **Wohl**, Danzig, Technische Hochschule.
» Th. **Zincke**, Marburg i. H., Chem. Univers.-Laborat.

Auf Grund der Braunschweiger Statuten sind bis zum 1. April 1906 folgende Register der abgelegten Prüfungen an den Schriftführer des Verbandes eingesandt worden.

(* **bedeutet: Angabe fehlt.**)

# E

# Register der im Sommer 1906 und im Winter 1906/07 ausgestellten Verbandszeugnisse.

## Chemisches Laboratorium der Technischen Hochschule Aachen.

| Aufgedruckte No. der Zeugniskarte | Vorname | Zuname | Geburtsort | Vorbildung | Examinatoren | Datum der Ausfertigung | Art der Prüfung |
|---|---|---|---|---|---|---|---|
| S.-S. 06 | | | | | | | |
| 2529 | **Max** | **Steinschneider** | Proßnitz | G. Ab. | Classen u. Bredt | 29./5. 06 | D. |
| W.-S. 06/07 | | | | | | | |
| 2530 | **Gustav** | **Lambris** | Aachen | R.-G. Ab. | Classen u. Bredt | 19./2. 07 | D. |
| 2531 | **Paul** | **Strom** | Aachen | R.-G. Ab. | Classen u. Bredt | 19./2. 07 | D. |

## I. Chemisches Institut der Universität Berlin.

| Aufgedruckte No. der Zeugniskarte | Vorname | Zuname | Geburtsort | Vorbildung | Examinatoren | Datum der Ausfertigung | Art der Prüfung |
|---|---|---|---|---|---|---|---|
| S.-S. 06 | | | | | | | |
| 4977 | **Herbert** | **Blumenthal** | Berlin | G. Ab. | E. Fischer | 5./5. 06 | |
| 4975 | **Harold** | **Hammel** | New-York | O.-R.-Sch.abs. | E. Fischer | 5./5. 06 | |
| 5559 | **Dr. Max** | **Kaufmann** | Brugg (Schweiz) | G. Ab. | E. Fischer | 5./5. 06 | |
| 4971 | **Hans** | **Arnold** | Berlin | G. Ab. | E. Fischer | 5./5. 06 | |
| 4972 | **Hans** | **Doescher** | Gera | R.-G. abs. | E. Fischer | 5./5. 06 | |
| 4998 | **Heinrich** | **Loebel** | Jassy | Rumänisches Lyceum abs. | E. Fischer Buchner | 7./5. 06 | |
| 4976 | **Arthur** | **Geserick** | Berlin | R.-G. abs. | E. Fischer | 12./6. 06 | |
| 2438 | **Hans** | **Kaufmann** | Posen | R.-G. abs. | E. Fischer | 12./6. 06 | |
| 5555 | **Artur** | **Voitinovici** | Botosani (Rumänien) | G. Ab. | E. Fischer | 12./6. 06 | |
| 4186 | **Paul** | **Frank** | Cöln | G. Ab. | E. Fischer | 12./6. 06 | |
| 4980 | **Erich** | **Stephan** | Braunfels | R.-G. | E. Fischer | 20./7. 06 | |
| 5551 | **Frederick** | **La Forge** | Bridgeport (U.-S.-A ) | Princetown Univ. | E. Fischer | 20./7. 06 | |
| 5561 | **Walter** | **Kropp** | Rheydt | O.-R -Sch.abs. | E. Fischer | 30./7. 06 | |
| 5557 | **Walter** | **Holle** | Hannover | R.-G. | E. Fischer | 30./7. 06 | |
| 4974 | **Albert** | **Pillow** | Viktoria (Australien) | G. Ab. | E. Fischer | 30./7. 06 | |

## I. Chemisches Institut der Universität Berlin. Fortsetzung.

| Aufgedruckte No. der Zeugniskarte | Vorname | Zuname | Geburtsort | Vorbildung | Examinatoren | Datum der Ausfertigung | Art der Prüfung |
|---|---|---|---|---|---|---|---|
| W.-S. 06/07 | | | | | | | |
| 5558 | Hermann | Schottky | Zürich | G. abs. | E. Fischer | 3./11. 06 | |
| 5556 | Oskar | Weichhold | Berlin | G. abs. | E. Fischer | 5./11. 06 | |
| 5560 | Hans | Kantorowicz | Posen | G. abs. | E. Fischer | 5./11. 06 | |
| 4719 | Richard | Levy | Berlin | G. abs. | E. Fischer, L. Gattermann | 10./12. 06 | |
| 5566 | Wilhelm | Gronewald | Berlin | R.-G. abs. | | 10./12. 06 | |
| 5552 | Erich | Müller | Höxter | G. abs. | E. Fischer | 10./12. 06 | |
| 5554 | August | Albert | Konstantinopel | R.-G. abs. | E. Fischer | 10./12. 06 | |
| 4968 | Ernst Ludwig | Pinner | Berlin | G. abs. | E. Fischer | 10./12. 06 | |
| 5569 | Ludwig | Kloemann | Lodz | G. abs. | E. Fischer | 14./1. 07 | |
| 5553 | Oskar | Ringe | Hannover | O.-R.-Sch.abs. | E. Fischer | 14./1. 07 | |
| 5562 | Georg | Iliovici | Rumänien | Lyceum | E. Fischer | 15./1. 07 | |
| 5568 | Paul | Voigt | Langensalza | O.-R.-Sch.abs. | E. Fischer | 23./1. 07 | |
| 5571 | Arthur | Voß | Süderhasted | O.-R.-Sch.abs. | E. Fischer | 23./1. 07 | |
| 5574 | Hans | Leysaht | Gumbinnen | G. abs. | E. Fischer | 23./1. 07 | |
| 5563 | Georg | Pfleiderer | Charlottenburg | G. abs | E. Fischer | 15./2. 07 | |
| 5572 | Franz | Pollitzer | Gablonz | O.-R.-Sch.abs. | E. Fischer | 8./3. 07 | |
| 5578 | Kurt | Bendixsohn | Hannover | O.-R.-Sch.abs. | E. Fischer | 8./3. 07 | |
| 5580 | Hans | Möhrke | Kassel | R.-G. abs. | E. Fischer | 8./3. 07 | |
| 5583 | Ernst | Moebis | Chile | Lyceum | E. Fischer | 8./3. 07 | |
| 5584 | Kurt | von Martius | Berlin | G. abs. | E. Fischer | 8./3. 07 | |
| 4959 | Hellmuth | Scheibler | Montjoi | O.-R.-Sch.abs. | E. Fischer | 8./3. 07 | |

## Physikalisch-chemisches Institut der Universität Berlin.

| Aufgedruckte No. der Zeugniskarte | Vorname | Zuname | Geburtsort | Vorbildung | Examinatoren | Datum der Ausfertigung | Art der Prüfung |
|---|---|---|---|---|---|---|---|
| S.-S. 06 | | | | | | | |
| 5030 | Marie | Wasjuchnowa | Kiew (Russland) | Mädch.-G. | Nernst | 11./5. 06 | |
| 2931 | Paul | Joachim | Berlin | G. | Nernst | 30./6. 06 | |
| 5024 | Franz | Horak | Wien | G. | Nernst | 20./7. 06 | |
| 5029 | Joachim | Winkelmann | Berlin | R.-G. | Nernst | 25./7. 06 | |
| 5028 | Ernst | Nolda | Berlin | R.-G. | Nernst | 26./7. 06 | |
| 2997 | Friedrich | Jost | Hanau | O.-R.-Sch. | Nernst | 30./7. 06 | |
| W.-S. 06/07 | | | | | | | |
| 5025 | Jonathan | Barker | Liverpool (Engl.) | B. Sc. Liverpool | Nernst | 27./11. 06 | |
| 5026 | Lili | Tillmann | Erlangen | G. | Nernst | 3./12. 06 | |
| 5023 | Ladislaus | Karczág | Szolnok (Ungarn) | G. | Nernst | 10./1. 07 | |
| 5027 | Bruno | Schneider | Kamenz | R.-G. | Nernst | 28./2. 07 | |
| 6031 | Louis | Frank | Leipzig | O.-R.-Sch. | Nernst | 28./2. 07 | |

## Technologisches Institut der Universität Berlin.

| Aufgedruckte No. der Zeugniskarte | Vorname | Zuname | Geburtsort | Vorbildung | Examinatoren | Datum der Ausfertigung | Art der Prüfung |
|---|---|---|---|---|---|---|---|
| S.-S. 06 W.-S. 06/07 | | | | | | | |
| 5764 | Franz | Wilhelmi | Leipzig | G. | Hantzsch, Wichelhaus | 26./2. 07 | |

## Anorg. Laboratorium der Königl. Techn. Hochschule zu Berlin.

| Aufgedruckte No. der Zeugniskarte | Vorname | Zuname | Geburtsort | Vorbildung | Examinatoren | Datum der Ausfertigung | Art der Prüfung |
|---|---|---|---|---|---|---|---|
| S.-S. 06 | | | | | | | |
| 5202 | Herrmann | Kamp | Hamm i/W. | G. | | 11./7. 06 | |
| 5203 | Kurt | Thomsen | Padelügge b. Lübeck | G. | | 11./7 06 | |
| 5204 | Walter | Goy | Berlin | R.-G. | | 11./7. 06 | |
| 5208 | Wilhelm | Schertel | München | R -G. | | 18./7. 06 | |
| 5214 | Gerhard | Billig | Düsseldorf | G. | | 19./7. 06 | |
| 5215 | Theodor | Lange | Myslowitz | O.-R.-Sch. | | 19./7. 06 | |
| 5216 | Oskar | Arnicke | Wiborg | R.-G. | | 19./7. 06 | |
| 5217 | Paul | Remmert | Stolberg (Rhprov.) | R.-G. | | 19./7. 06 | |
| 5218 | Adolf | Gebhardt | St. Petersburg | G. | | 19./7. 06 | |
| 5219 | Karl | Zablinsky | Berlin | O.-R.-Sch. | | 19./7. 06 | |
| 5220 | Felix | Bacharach | Berlin | R.-G. | | 19./7. 06 | |
| W.-S. 06/07 | | | | | | | |
| 5221 | Wilhelm | Brücke | Geesthacht b. Hamburg | O.-R.-Sch. | | 8./3. 07 | |
| 5222 | Salo | Bergmann | Borek (Prov. Posen) | G. | | 8./3 07 | |
| 5223 | Karl | Kraze | Berlin | O.-R.-Sch. | | 8./3. 07 | |
| 5224 | Felix | Singer | Lipnik (Österreich) | O.-R.-Sch. | Erdmann | 8./3. 07 | |
| 5225 | Adalbert | Zöllner | Selb i. Bayern | G. | | 8./3. 07 | |
| 5226 | Berla | Herscovici | Tg Oena (Bacau) | G. | | 11./3. 07 | |
| 5228 | Otto | Limprich | Metz | G. | | 11./3. 07 | |
| 5230 | Hans | Lange | Berlin | G. | | 14./3. 07 | |
| 5232 | Christian | Groß | Hof i/Bayern | G. | | 14./3. 07 | |
| 5233 | Georg | Gerlach | Halle a. d./S. | G. | | 14./3. 07 | |
| 5234 | Walter | Braun | Krotoschin (Posen) | G. | | 14./3. 07 | |
| 5235 | Gustav | Peters | Forderstedt (Prov. Sachsen) | O.-R -Sch. | | 15./3. 07 | |
| 5236 | Awiam | Loebel | Bukarest | R.-G. | | 15./3. 07 | |
| 5237 | Jonel | Theodorin | Craiova | O.-R.-Sch. | | 15./3. 07 | |
| 5240 | Julia | Sajewitsch | Prilukj (Poltan Gur.) | G. | | 15./3. 07 | |
| 6121 | Alfred | Poludniok | Antonienhütte (Ober-Schles.) | G. | | 25./3. 07 | |
| 6122 | Konrad | Gaidzik | Hubertushütte (Ober-Schles.) | G. | | 25./3. 07 | |
| 6124 | Wilhelm | Terjung | Mülheim a/Ruhr | R.-G. | | 25./3. 07 | |
| 6125 | Kurt | Abeking | Berlin | IIa | | 25./3. 07 | |

## Elektrochemisches Laboratorium der Königl. technischen Hochschule zu Berlin-Charlottenburg.

| Aufgedruckte No. der Zeugniskarte | Vorname | Zuname | Geburtsort | Vorbildung | Examinatoren | Datum der Ausfertigung | Art der Prüfung |
|---|---|---|---|---|---|---|---|
| S.-S. 06 | | | | | | | |
| 4702 | Erich | Francke | München | G. | Gattermann<br>v. Knorre | 30./4. 06 | |
| 3544 | Erhard | Ostwald | Magdeburg | G. | v. Knorre | 11./7. 06 | |
| W.-S. 06/07 | | | | | | | |
| 3545 | Gust. Ad. | Kienitz | Chorin (Mark) | G. | v. Knorre | 25./10. 06 | |
| 3546 | Stefan | Lenort | Breslau | O.-R.-Sch. | v. Knorre | 15./3 07 | |
| 3547 | Georg | Wempe | Oldenburg | O.-R.-Sch. | v. Knorre | 18./3. 07 | |

## Organisches Laboratorium der Technischen Hochschule zu Berlin.

| Aufgedruckte No. der Zeugniskarte | Vorname | Zuname | Geburtsort | Vorbildung | Examinatoren | Datum der Ausfertigung | Art der Prüfung |
|---|---|---|---|---|---|---|---|
| S.-S. 06 | | | | | | | |
| 5198 | Georg | Kereszty | Budapest | O.-R.-Sch.Ab. | Erdmann<br>Liebermann | 26./5. 06 | V. |
| 1434 | Josef | Hilgers | Köln | R.-G. Ab. | Liebermann | 16./6. 06 | V. |
| 5197 | Emil | Wolf | Budapest | O.-R.-Sch.Ab. | Erdmann<br>Liebermann | 5./7. 06 | V. |
| 5199 | Julius | Müller | Zweibrücken | Ind.-Sch. Ab. | Erdmann<br>Liebermann | 15./7. 06 | V. |
| 3543 | Robert | Rücker | Valparaiso | O.-R.-Sch.Ab. | v. Knorre<br>Liebermann | 16./7. 06 | V. |
| 5196 | Walter | Bruck | Berlin | R.-G. Ab. | Erdmann<br>Liebermann | 16./7. 06 | V. |
| 5206 | Felix | Landsberger | Budapest | O.-R.-Sch.Ab. | Erdmann<br>Liebermann | 12./4. 06 | D. |
| W.-S. 06/07 | | | | | | | |
| 5213 | Ilie | Pisovski | Jassay | R.-G. Ab. | Erdmann<br>Liebermann | 20./12. 06 | V. |
| 4960 | Mathias | Pier | Nachenheim | G. Ab. | E. Fischer<br>Liebermann | 20./12. 06 | V. |
| 1430 | Johann | Gnädinger | Ramsen (Schweiz) | G. Ab. | Liebermann | 15./2. 07 | V. |
| 5212 | Oskar | Löw | Schlackenwerth (Böhmen) | O.-R.-Sch.Ab. | Erdmann<br>Liebermann | 19./2. 07 | V. |
| 5211 | Jenö | Führer | Olasz-Liszka (Ungarn) | O.-R.-Sch.Ab. | Erdmann<br>Liebermann | 19./2. 07 | V. |
| 5209 | Jacques | Biss | Sasvaz (Ungarn) | G. Ab. | Erdmann<br>Liebermann | 19./2. 07 | V. |
| 5238 | Giovanni | Pisano | Lutini (Sizilien) | G. Ab. | Erdmann<br>Liebermann | 16./3. 07 | V. |
| 5207 | Paul | Székely | Budapest | G. Ab. | Erdmann<br>Liebermann | 16./3. 07 | V. |

## Technisch-Chemisches Laboratorium der Königl. Techn. Hochschule zu Berlin.

| Aufgedruckte No. der Zeugniskarte | Vorname | Zuname | Geburtsort | Vorbildung | Examinatoren | Datum der Ausfertigung | Art der Prüfung |
|---|---|---|---|---|---|---|---|
| W.-S. 06/07 | | | | | | | |
| 2260 | Christian | Christiansen | Christiansand (Norwegen) | „Kathedral-Schule" zu Christiansand | Witt | 10./11. 06 | |
| 5066 | Karl | Brittner | Frankfurt a. M. | O.-R.-Sch. Ab. | Zincke, Witt | 2./2. 07 | |

## Chemisches Laboratorium der landwirtschaftlichen Hochschule zu Berlin.

| Aufgedruckte No. der Zeugniskarte | Vorname | Zuname | Geburtsort | Vorbildung | Examinatoren | Datum der Ausfertigung | Art der Prüfung |
|---|---|---|---|---|---|---|---|
| S.-S. 06 | | | | | | | |
| 4997 | Reinhold | Gruhl | Berlin | R.-G. Ab. | Buchner | 23./5. 06 | |

## Chemisches Institut der Universität Bonn.

| Aufgedruckte No. der Zeugniskarte | Vorname | Zuname | Geburtsort | Vorbildung | Examinatoren | Datum der Ausfertigung | Art der Prüfung |
|---|---|---|---|---|---|---|---|
| S.-S. 06 | | | | | | | |
| 5042 | Paul | Trummel | Elberfeld | R.-G. | Anschütz | 28./5. 06 | |
| 5043 | Alwin | Schubert | Schwöbber b. Hameln | G. | Anschütz | 28./5. 06 | |
| 5045 | Eugen | Molinaeus | Barmen | R.-G. | Anschütz | 28./5. 06 | |
| W.-S. 06/07 | | | | | | | |
| 4547 | Otto | Buchholz | Cöln a. Rh. | G. | Anschütz | 25./2. 07 | |
| 5051 | Carl Otto | Leverkus | Leverkusen | G. | Anschütz | 25./2. 07 | |
| 5049 | Hermann | Grossbeckes | Barop | G. | Anschütz | 27./2. 07 | |
| 5052 | Otto | Eisleb | Barmen | G. | Anschütz | 27./2. 07 | |
| 5054 | Willy | Heuser | Bensberg | R.-G. IIa | Anschütz | 27./2. 07 | |

## Chem. Laboratorium der Techn. Hochschule Braunschweig.

| Aufgedruckte No. der Zeugniskarte | Vorname | Zuname | Geburtsort | Vorbildung | Examinatoren | Datum der Ausfertigung | Art der Prüfung |
|---|---|---|---|---|---|---|---|
| S.-S. 06 | | | | | | | |
| 5368 | Max | Kammann | Holzminden | O.-R.-Sch.Ab | R. Meyer | 16./5. 06 | V |
| 5369 | Thomas | Evensen | Christiania | R.-G. Ab. | R. Meyer | 18./7. 06 | D |
| 5370 | Isidor | Feinmann | Wien | Östr. O.-R.-Sch. Ab. | R. Meyer | 18./7. 06 | D |
| W.-S. 06/07 | | | | | | | |
| 5371 | Wilhelm | Kasten | Vienenburg (Prov.Hannover) | R.-G. Ab. | R. Meyer | 16./10. 06 | V |
| 5372 | Samuel | Kissin | Lodz (Russld.) | Hand.-Sch. (Russld.) Ab. | R. Meyer | 3./11. 06 | D |
| 5373 | Jacob | Lipski | Warschau | Russ. Kommerzsch. Ab. | R. Meyer | 3./11. 06 | D |

## Chem. Laboratorium der Techn. Hochschule Braunschweig. Fortsetzung.

| Aufgedruckte No. der Zeugniskarte | Vorname | Zuname | Geburtsort | Vorbildung | Examinatoren | Datum der Ausfertigung | Art der Prüfung |
|---|---|---|---|---|---|---|---|
| W.-S. 06/07 | | | | | | | |
| 5374 | Jacob | Steinsberg | Slonim (Russld.) | Russ. Kommerzsch. Ab. | R. Meyer | 3./11. 06 | D |
| 5375 | Ernst | Weber | Domersleben b. Magdeburg | O.-R.-Sch. Ib abs. | | 13./11. 06 | V |
| 5376 | Konrad | Sichling | Nürnberg | Ind.-Sch. Ab. | | 20./12. 06 | D |
| 5377 | Paul | Koppe | Braunschweig | O.-R.-Sch.Ab. | | 6./3. 07 | D |
| 5378 | Ernst | Siber | Ravensbrück b. Templin | G. Ia | | 9./3. 07 | V |
| 5379 | Kurt | Wolfsleben | Küppersteg b. Opladen | R.-G. abs. | | 11./3. 07 | V |
| 5380 | Otto | Bötel | Osterode Kr. Halberstadt | Landw.-Sch. abs. (Einj.) | | 12./3. 07 | V |
| 6081 | Itzek | Teitelbaum | Warschau | Russ. Hand.-Sch. (7. Kl.) Ab. | | 20./3. 07 | D |
| 6082 | Leib | Krüger | Mitau | Russ. R.-Sch. (7. Kl.) Ab. | | 21./3. 07 | D |

## Pharmazeutisches Institut der Techn. Hochschule Braunschweig.

| | | | | | | | |
|---|---|---|---|---|---|---|---|
| S.-S. 06 | | | | | | | |
| 4609 | Georg | Puttkammer | Cochabambo | G. Ab. Ap. I | Beckurts | 1./6. 06 | |
| 4610 | Rudolf | Roelfs | Hannover | Ap. I | | 1./6. 06 | |
| 751 | Emil | Runne | Braunschweig | Ap. I | | 1./6. 06 | |
| 752 | Reinhold | Barth | Quedlinburg | Ap. I | | 1./6. 06 | |
| 753 | Arthur | Westerkamp | Sagan | G. Ab. | | 12./6. 06 | |
| 754 | Georg | Grunwald | Loebschütz | Ap. I | | 12./6. 06 | |
| W.-S. 06/07 | | | | | | | |
| 756 | Josef | Ehringhausen | Ehringhausen | Ap. I | | 17./11. 06 | |
| 755 | Kurt | Finger | Neudamm | Ap. I | | 17./11. 06 | |
| 758 | Andreas | Pfannschmidt | Dessau | Ap. I | | 24./11. 06 | |
| 757 | Rudolf | Runge | Holzminden | Ap. I | | 24./11. 06 | |
| 759 | George | Neumann | Quirl | Ap. II | | 24./11. 06 | |
| 760 | Wilhelm | Hirsch | Camin | Ap. II | | 27./11. 06 | |
| 5631 | Max | Wünsche | Samler | Ap. II | | 27./11. 06 | |
| 5632 | Alfred | Flick | Verden | Ap. II | | 27./11. 06 | |
| 5633 | Karl | Hesse | Lauenau | Einj. | | 3./12. 06 | |

## Chemisches Institut Breslau.

| Aufgedruckte No. der Zeugniskarte | Vorname | Zuname | Geburtsort | Vorbildung | Examinatoren | Datum der Ausfertigung | Art der Prüfung |
|---|---|---|---|---|---|---|---|
| S.-S. 06 | | | | | | | |
| 5004 | Arthur | Guttmann | Breslau | O.-R.-Sch.Ab. | | 24./4. 06 | |
| 5005 | Wolfram | Hähnel | Laar | G. Ab. | | 19./6. 06 | |
| 5006 | Ernst | Reichenbach | Breslau | G. Ab. | | 19./6. 06 | |
| 5007 | Joseph | Neustadt | Breslau | G. Ab. | | 23./6. 06 | |
| 5008 | Hermann Leo | Wilde | Heydekrug Ost-Pr. | G. Ab. | | 30./7. 06 | |
| 5009 | James | Neumann | Koberwitz Kr. Breslau | G. Ib | | 31./7. 06 | |
| 5010 | Hanane | Szoton | Warta b. Kalisch | Privat | | 1./8. 06 | |
| 5011 | Wladislaus | Sobecki | Posen | O.-R.-Sch.Ab. | Ladenburg | 2./8. 06 | |
| 5012 | Marian | Lukowski | Posen | G. Ab. | | 3./8. 06 | |
| 5013 | Johannes | Schneider | Breslau | G. IIa | | 6./8. 06 | |
| W.-S. 06/07 | | | | | | | |
| 5014 | Hermann | Dick | Breitenberg b. Passau | G. Ab. | | 29./10. 06 | |
| 5015 | Nicolaj | Popovice | Bukarest | G. Ab. | | 14./2. 07 | |
| 5016 | Wilhelm | Melzer | Breslau | G. Ab. | | 1./3. 07 | |
| 5017 | John | Johnston | Perth | B. S. | | 7./3. 07 | |
| 5018 | Warren | Lewis | Laurel (Delaway) | B. S. | | 11./3. 07 | |

## Pharmazeutisches Institut Breslau.

| | | | | | | | |
|---|---|---|---|---|---|---|---|
| S.-S. 06. 779 | Otto | Rohdich | Patschkau Kr. Neisse | G. Ab. Ap. | Gadamer | 16./5. 06 | |

## Landw.-technol. Institut der Königl. Universität Breslau.

| | | | | | | | |
|---|---|---|---|---|---|---|---|
| S.-S. 06 | | | | | | | |
| 4277 | August | Luther | Reval | G. | | 28./6. 06 | |
| 4278 | Samy | Kober | Breslau | R.-G. | F. B. Ahrens | 30./7. 06 | |
| W.-S. 06/07 | | | | | | | |
| 4279 | Heinrich | Proske | Lipine O/S | R.-G. IIa | | 19./12. 06 | |

## Anorganisches und organisches Laboratorium der technischen Hochschule zu Danzig.

| | | | | | | | |
|---|---|---|---|---|---|---|---|
| W.-S. 06/07 | | | | | | | |
| 4872 | Ernst | Grosse | Bomlitz | R.-G. | Ruff | 10./3. 07 | |
| 4873 | Leopold | Hecht | Marienburg | G. | | 22./4. 07 | |

## Chemisch-technisches u. elektrochemisches Institut der Technischen Hochschule Darmstadt.

| Aufgedruckte No. der Zeugniskarte | Vorname | Zuname | Geburtsort | Vorbildung | Examinatoren | Datum der Ausfertigung | Art der Prüfung |
|---|---|---|---|---|---|---|---|
| S.-S. 06 | | | | | | | |
| 2750 | Kurt | Mandowsky | Ratibor | G. Ia | Dieffenbach | 30./5. 06 | |
| W.-S. 06/07 | | | | | | | |
| 5728 | Alexander | Sander | Darmstadt | G. Ab. | Dieffenbach Staedel | 24 /10. 06 | |
| 5729 | Franz | Weckbach | Darmstadt | R.-Sch. | | 24./10. 06 | |
| 5730 | Ernst | Löwenstein | Stuttgart | G. Ab. | | 26 /10. 06 | |
| 5731 | Ludwig | Heck | München | R.-Sch. | | 15./6. 07 | |
| 5732 | Heinrich | Maas | Korabia | R.-G. Ab. | | 15./6. 07 | |
| 5733 | Otto | Wehrheim | Camberg | G. Ab. | | 15./6. 07 | |
| 5734 | Johann | Danick | Ciezkowice | Gew.-Ak. | | 15./6. 07 | |
| 5735 | Björn | Raeder | Christiania | G. Ab. | | 15./6. 07 | |

## Chemisches Institut der Technischen Hochschule zu Darmstadt.

| | | | | | | | |
|---|---|---|---|---|---|---|---|
| S.-S. 06 | | | | | | | |
| 4559 | Paul | Günther | Lauenburg a. d. Elbe | R.-G Ab. | Staedel | 9./7 06 | |
| 4560 | Hermann | Jochheim | Darmstadt | G. Ab. | | 17./7. 06 | |
| W.-S. 06/07 | | | | | | | |
| 4561 | Wilhelm | Brandt | Jugenheim a. d. B. | O.-R.-Sch.Ab. | | 24./10. 06 | |
| 4562 | Friedrich | Merz | Grossbiberau | Ap | | 11./3. 07 | |
| 4563 | Georg Ludwig | Doerr | Mannheim | O.-R.-Sch. | | 11./3. 07 | |
| 4564 | Rudolf | Drautz | Heilbronn | Maschinenbauschule Stuttgart | | 11./3. 07 | |
| 4565 | Otto | Kienzerle | Ulm a. D. | R.-G. | | 11./3. 07 | |
| 4566 | Ludwig | Zeh | Oberramstadt | Ap. | | 26./3. 07 | |
| 4567 | Hugo | Weitzel | Darmstadt | G. Ab. | | 30./4. 07 | |

## Anorganisches Laboratorium und Organisch-chemisches Laboratorium der Technischen Hochschule Dresden.

| | | | | | | | |
|---|---|---|---|---|---|---|---|
| S.-S. 06 | | | | | | | |
| 5665 | Paul | Böttcher | Pretzschendorf (Sachsen) | R.-G. Ab. | W. Hempel E. v. Meyer | 2./5. 06 | D. |
| 5666 | Georg | Büttner | Gera | G. Ab. | | 2./5. 06 | |
| 5667 | Heinrich | Roch | Cölln-Meissen (Sachsen) | G. Ab. | | 2./5. 06 | |
| 5668 | Eduard | Kunitz | Dresden | R.-G. Ab. | | 3./5. 06 | |
| 5669 | Erwin | Schwabe | Blasewitz b. Dresden | R.-G. Ab. | | 3./5. 06 | |

## Anorganisches Laboratorium und Organisch-chemisches Laboratorium der Technischen Hochschule Dresden. Fortsetzung.

| Aufgedruckte No. der Zeugniskarte | Vorname | Zuname | Geburtsort | Vorbildung | Examinatoren | Datum der Ausfertigung | Art der Prüfung |
|---|---|---|---|---|---|---|---|
| S.-S.06. | | | | | | | |
| 5670 | Georg | Vater | Crimmitschau (Sachsen) | R.-G. Ab. | W. Hempel, E. v. Mayer | 3./5. 06 | D. |
| 5663 | Carl | Birkner | Dresden | G. abs. IIa | W. Hempel, E. v. Mayer | 11./7. 06 | V. |
| 5671 | Oscar | Rothacker | Eutingen (Württemberg) | Ap. | E. v. Meyer | 27./7. 06 | V. |
| W.-S. 06/07 | | | | | | | |
| 5672 | Richard | Hofmann | Dresden | R.-G. Ab. | W. Hempel, E. v. Meyer | 15./10. 06 | D. |
| 5673 | Erich | Schneider | Bischofswerda (Sachsen) | R.-G. Ab. | W. Hempel, E. v. Meyer | 15./10. 06 | D. |
| 5674 | Ernst | Unger | Chemnitz | R.-G. Ab | W. Hempel, E. v. Meyer | 15./10. 06 | D. |
| 5675 | Alfred | Nobis | Chemnitz | R.-G. Ab. | W. Hempel, E. v. Meyer | 16./10. 06 | D. |
| 5676 | Colin | Sprent | Hobart (Australien) | Hobart-Univ. | W. Hempel, E. v. Meyer | 16./10. 06 | D. |
| 5677 | Alfred | Steuding | Kasan (Deutsch-Reichsangeh.) | Commerz-Akademie-Moskau | W. Hempel, E. v. Meyer | 16./10. 06 | D. |
| 5678 | Salomon | Wolff | Meppel (Holland) | B. S. | W. Hempel, E. v. Meyer | 16./10. 06 | D. |
| 5679 | Ole | Mustad | Christiania | R.-G. Ab. | W. Hempel, E. v. Meyer | 17./10. 06 | D. |
| 6051 | Ernst | Schletter | Ars (Lothringen) | Gew.-Ak. Ab. | W. Hempel, E. v. Meyer | 17./10. 06 | D. |
| 6052 | Kurt | Joost | Jöhstadt | R.-G. Ab. | W. Hempel, E. v. Meyer | 17./10. 06 | D. |
| 6053 | Julius | Blich | Arendal (Norwegen) | R.-G. Ab. | W. Hempel, E. v. Meyer | 20./12. 06 | D. |
| 6054 | Ove | Collett | Christiania | R.-G. Ab. | W. Hempel, E. v. Meyer | 20./12. 06 | |
| 5664 | Michael | Person | Kasan (Russld.) | G. Ab. | W. Hempel, E. v. Meyer | 20./2. 07 | V. |
| 5680 | Walter | Bramsch | Kemnitz b. Dresden | G. Ab. | W. Hempel, E. v. Meyer | 4./3. 07 | V. |
| 6055 | Fritz | Behrmann | Bukarest (Hamburger St.-Angeh.) | R.-G. Ab. | W. Hempel, E. v. Meyer | 8./3. 07 | D. |
| 6056 | Paul | Haensel | Dresden | R.-G. Ab. | W. Hempel, E. v. Meyer | 8./3. 07 | D. |
| 6057 | Paul | Praussnitz | Bonchurch (Hamburger St.-Angeh.) | R.-G. Ab. | W. Hempel, E. v. Meyer | 8./3. 07 | D. |

## Chemisches Laboratorium der Universität Erlangen.

| Aufgedruckte No. der Zeugniskarte | Vorname | Zuname | Geburtsort | Vorbildung | Examinatoren | Datum der Ausfertigung | Art der Prüfung |
|---|---|---|---|---|---|---|---|
| S.-S. 06 | | | | | | | |
| 5425 | Peter | Jacobsen | Schaalby (Schleswig-Holstein) | Ap. Note I | O. Fischer | 23./7. 06 | |
| 5426 | Richard | Zahn | Nürnberg | R.-G. | O. Fischer | 23./7. 06 | |
| W.-S. 06/07 | | | | | | | |
| 5427 | Martin | Fleischmann | Toba | Ap. Note I | O. Fischer | 25./10. 06 | |
| 5429 | Wilhelm | Hartmann | Ober-Kotzau | Ap. Note I | O. Fischer | 7./3. 07 | |
| 5702 | Adolf | Herzog | Würzburg | R.-G. | | 7./3. 07 | |

## Pharm.-chem. Institut der Universität Erlangen.

| Aufgedruckte No. der Zeugniskarte | Vorname | Zuname | Geburtsort | Vorbildung | Examinatoren | Datum der Ausfertigung | Art der Prüfung |
|---|---|---|---|---|---|---|---|
| W.-S. 06/07 | | | | | | | |
| 3624 | Max | Kinscher | Fürstenwalde | Ap. Note I | C. Paal | 1./12. 06 | |
| 3626 | Carl | Roth | Weissenburg in Bayern. | Ap. Note I | C. Paal | 1./12. 06 | |

## Chemisches Laboratorium der Universität Freiburg i. B. (mediz. Abt.)

| | | | | | | | |
|---|---|---|---|---|---|---|---|
| S.-S. 06 | | | | | | | |
| 5531 | Otto | Matthes | Dresden | O.-R.-Sch. u. Ap. (I) | Kiliani | 1./3. 06 | |
| 5532 | Anton | Sautermeister | Rottweil a. N. | G. u. Ap. (I) | Kiliani | 31./7. 06 | |
| W.-S. 06/07 | | | | | | | |
| 5533 | Wilhelm | Vogt | Schönau i. B. | G. u. Ap. (II) | Kiliani | 13./11. 06 | |
| 5534 | Karl | Kühn | Fünstingen Els.-Lothr. | Ap. (I) | Kiliani | 5./3. 07 | |
| 5535 | Desiderius | Schloesser | Ohnenheim (Els.) | Ap. (I) | Kiliani | 5./3. 07 | |

## Chemisches Laboratorium der Universität Freiburg i. B. (philosoph. Abt.).

| | | | | | | | |
|---|---|---|---|---|---|---|---|
| S.-S. 06 | | | | | | | |
| 5382 | Rudolf | Kaltenbach | Freiburg i. B. | G. Ab. | Gattermann | 25./6. 06 | |
| 5381 | Charlotte | Sackur | Berlin | G. I a | Gattermann | 16./7. 06 | |
| 5399 | Hans | Schraube | Ludwigshafen a. Rh. | G. Ab. | Gattermann | 19./7. 06 | |
| 5386 | Erich | Löhmann | Altona | R.-G. Ab. | Gattermann | 20./7. 06 | |
| 5387 | Fritz | Arndt | Hamburg | G. Ab. | Gattermann | 20./7. 06 | |
| 5394 | Walter | Lambrecht | Nürnberg | R.-G. Ab. | Gattermann | 27./7. 06 | |
| 3596 | Gustav | Hilgenberg | Cassel | G. Ab. | Seubert, Gattermann | 31./7. 06 | |
| 3597 | Gustav | Wiegand | Nordhausen | R.-G. Ab. | Seubert, Gattermann | 31./7. 06 | |
| W.-S. 06/07 | | | | | | | |
| 5385 | Alfred | Wesch | Mannheim | O.-R.-Sch. Ab. | Gattermann | 5./11. 06 | |
| 5391 | Albert | Gundlach | Gross-Almerode | R.-G. Ab. | Gattermann | 5./11. 06 | |
| 4994 | Adolf | Roesicke | Berlin | G. Ab. | Buchner, Gattermann | 6./11. 06 | |
| 5803 | Boleslaw | Drobner | Krakau | G. Ab. | Gattermann | 6./11. 06 | |
| 5392 | Wilhelm | Kochmann | Freiburg i. B. | G. Ab. | Gattermann | 7./11. 06 | |
| 5390 | Joseph | Bercher | Breisach | O.-R.-Sch. Ab. | Gattermann | 16./11. 06 | |
| 5396 | Bruno | Fach | Stuttgart | R.-G. Ab. | Gattermann | 10./12. 06 | |
| 4924 | Rudolf | Lenz | Schöneberg | G. Ab. | Paul, Gattermann | 10./12. 06 | |
| 4979 | Hans | Schering | Berlin | R.-G. Ab. | E. Fischer, Gattermann | 10./12. 06 | |

## Chemisches Universitätslaboratorium Gießen.

| Aufgedruckte No. der Zeugniskarte | Vorname | Zuname | Geburtsort | Vorbildung | Examinatoren | Datum der Ausfertigung | Art der Prüfung |
|---|---|---|---|---|---|---|---|
| S.-S. 06 | | | | | | | |
| 5474 | Hugo | Anthes | Frankfurt a. M. | O.-R.-Sch. Ab. | Alex. Naumann | 3./5. 06 | |
| 5475 | Heinrich | Perlstein | Kesmark | Lehrersem. | | 15./5. 06 | |
| 5476 | Hermann | Struth | Nieder-Ingelheim | G. Ab. | | 26./7. 06 | |
| 5477 | Wilhelm | Ihrig | Beerfelden | O.-R.-Sch. Ab. | | 3./8. 06 | |
| 5478 | Fritz | Dürre | Magdeburg | G. Ab. | | 4./8. 06 | |
| 5479 | Boris | Pines | Moskau | G. Ab. | | 4./8. 06 | |
| 5480 | Lazarus | Rosenstein | Goldingen | Rabbinersch. Ab. | | 4./8 06 | |
| W.-S. 06/07 | | | | | | | |
| 5481 | Friedrich | Huhn | Giessen | R.-G. Ab. | | 19./11. 06 | |
| 5482 | Theodor | Mulch | Giessen | O.-R.-Sch. Ab. | | 11./12. 06 | |
| 5483 | Richard | Schmalz | Hungen | O.-R.-Sch. Ab. | | 11./12. 06 | |
| 5484 | Rudolf | Zinsser | Grünberg | G. Ab. | | 4./2. 07 | |
| 5485 | Hermann | Borck | Hamburg | O.-R.-Sch. Ab. | | 4./2. 07 | |

## Physikalisch-chemisches Laboratorium der Universität Gießen.

| | | | | | | | |
|---|---|---|---|---|---|---|---|
| S.-S. 06 | | | | | | | |
| 5176 | Fritz | ter Meer | Uerdingen a Rh. | G. Ab. | Elbs | 10./4. 06 | |
| 5174 | Adolf | Reise | Mühlhausen i.Th. | G. Ab. | | 11./7. 06 | |
| 2773 | Karl | Sinner | Mannheim | R.-G. Ab. | | 17./7. 06 | |
| 2999 | Alois | Schuster | Steinbach | G. Ab. | | 28./7. 06 | |
| 5175 | Tobias | Weickel | Worms a. Rh. | O.-R.-Sch. Ab. | | 31./7. 06 | |
| W.-S. 06/07 | | | | | | | |
| 2771 | Gustav | Warnecke | Wiesbaden | R.-G. Ab. | | 19./1. 07 | |
| 5072 | Paul | Küchel | Butzbach | O.-R.-Sch. Ab. | | 29./1. 07 | |
| 2757 | Fritz | Buchner | Darmstadt | G. Ab. | | 27./2. 07 | |
| 5173 | Ludwig | Wille | Auerbach i. H. | R.-G. Ab. | | 1./3. 07 | |

## Allgemeines Chemisches Universitäts-Laboratorium Göttingen.

| | | | | | | | |
|---|---|---|---|---|---|---|---|
| S.-S. 06 | | | | | | | |
| 5299 | Kurt | Lewkonja | Göttingen | G. Ab. | Wallach | 26./7. 06 | |
| 5300 | Heinrich | Mallison | Königsberg i. Pr. | G. Ab. | | 26./7. 06 | |
| 5301 | Gerhard | Voss | Dorpat | G. Ab. | | 26./7. 06 | |
| 4589 | Adolf | Rosenbach | Göttingen | G. Ab. | | 28./5. 06 | |
| 5296 | Benedikt | Merkel | Nürnberg | R.-G. Ab. | | 28./5. 06 | |
| 5297 | Jan | Camper-Titsingh | Maasluis | Hochschule Wagningen | | 28./5. 06 | |
| 5298 | Edgar | Evans | Maesteg South Wales | Colgate Univ. Coll. | | 28./5. 06 | |
| 2525 | Gustav | Hindrichs | Remscheidt | R.-G. Ab. | | 26./7. 06 | |

## Allgemeines Chemisches Universitäts-Laboratorium Göttingen. Fortsetzung.

| Aufgedruckte No. der Zeugniskarte | Vorname | Zuname | Geburtsort | Vorbildung | Examinatoren | Datum der Ausfertigung | Art der Prüfung |
|---|---|---|---|---|---|---|---|
| W.-S. 06/07 | | | | | | | |
| 5303 | Carl | Götz | Hamburg | G. Ab. | Wallach | 10./12. 06 | |
| 5304 | Walter | Gontermann | Siegen | R.-G. Ab. | Wallach | 10./12. 06 | |
| 5305 | Paul | Virck | Malchow | R.-G. Ab. | Wallach | 10 /12. 06 | |
| 5306 | Werner | Rottsieper | Ronsdorf | G. Ab. | Wallach | 10./12. 06 | |
| 5307 | Walter | Mathewson | Massillon U. S. A. | B. S. | Wallach | 18./12. 06 | |
| 5308 | Kurt | Roschke | Cottbus | O.-R.-Sch. Ab. | Wallach | 19./2. 07 | |
| 5309 | Wilhelm | Benthaus | Dortmund | R.-G. Ab. | Wallach | 19./2. 07 | |
| 5310 | Carl | Böddener | Dransfeld | G. Ab. | Wallach | 19./2. 07 | |
| 4587 | Walter | Handge | Helmstädt | G. Ab. | Wallach | 19./2. 07 | |

## Institut für anorganische Chemie der Universität Göttingen.

| | | | | | | | |
|---|---|---|---|---|---|---|---|
| S.-S. 06 | | | | | | | |
| 3996 | Arved | v. Vegesack | Wolmar | G. | Tammann | 3./9. 07 | |
| W.-S. 06/07 | | | | | | | |
| 3997 | Lewek | Donski | Nowo Radomsk | Hand. Sch. | Tammann | 30./1. 07 | |

## Agricultur-chemisches Laboratorium der Universität Göttingen.

| | | | | | | | |
|---|---|---|---|---|---|---|---|
| S.-S. 06 | | | | | | | |
| 1599 | Fernand | Rorive | Huy (Belgien) | Univ. Lüttich | B. Tollens | 6./8. 06 | |

## Chemisches Institut der Universität Greifswald.

| | | | | | | | |
|---|---|---|---|---|---|---|---|
| W.-S. 06/07 | | | | | | | |
| 5070 | Wilhelm | Meyer | Peine | R.-G. abs. Ib | K. Auwers | 13./12. 06 | |
| 4834 | Kurt | Hannemann | Stettin | G. | | 21./12. 06 | |
| 5393 | Karl | Müller | Görlitz | G. Ab. | L. Gattermann<br>K. Auwers | 30./1. 07 | |

## Chemisches Institut der Universität Halle a. S.

| | | | | | | | |
|---|---|---|---|---|---|---|---|
| S.-S. 06 | | | | | | | |
| 5493 | Max | Huth | Halle a. S. | G. | Volhard | 14./5. 06 | |
| 5494 | Jacob | Vogel | Berdiank (Russland) | G. | Volhard | 8./1. 07 | |
| 5495 | Hans | Küssner | Halle a. S. | G. | Volhard | 30./7. 06 | |
| W.-S. 06/07 | | | | | | | |
| 5496 | Leo | Sobel | Czernowitz | | Volhard | 23./10. 06 | |
| 5497 | Ernst | Schulz | Neustettin | G. | Volhard | 26./10. 06 | |
| 5498 | Erich | Straube | Erfurt | G. | Volhard | 11./1. 07 | |
| 5499 | Abraham | Raicom | Warschau | | Volhard | 20./2. 07 | |
| 5500 | Hugo | Stoltzenberg | Strengen (Tirol) | G. | Volhard | 25./2. 07 | |
| 5501 | Karl | Mattenklodt | Bielefeld | R.-G. | Volhard | 7./5. 07 | |

## Technische Hochschule Hannover. Laboratorium für anorganische Chemie.

| Aufgedruckte No. der Zeugniskarte | Vorname | Zuname | Geburtsort | Vorbildung | Examinatoren | Datum der Ausfertigung | Art der Prüfung |
|---|---|---|---|---|---|---|---|
| W.-S. 06/07 | | | | | | | |
| 3608 | Alexander | Paschke | Hannover | R.-G. abs. | | 17./10. 06 | |
| 3609 | Gerardus | Yssel de Schepper | Gouda (Holland) | Holl. Höh. Bürg.-Sch. abs. | Seubert Behrend | 31./10. 06 | D. |
| 5871 | Fritz | Schmidt | Bommert (Westf.) | O.-R.-Sch. | | 9./1. 07 | |
| 5872 | Friedrich | Lohr | Bremen | O.-R.-Sch. | | 18./3. 07 | |
| 5873 | Alexander | Anspach | Riga (Russld.) | Hand.-Sch. | | 22./3. 07 | V. |
| 5874 | Rudolf | Niemeyer | Wilhelmshaven | G. | | 14./3. 07 | |
| 5875 | Friedrich | Grothaus | Bielefeld | R.-Sch. | | 22./3. 07 | |

## Universitäts-Laboratorium Heidelberg.

| | | | | | | | |
|---|---|---|---|---|---|---|---|
| S.-S. 06 | | | | | | | |
| 3274 | Ehrhardt | Schott | Heidelberg | G. | | 30./4. 06 | |
| 4467 | Jakob | Jung | Offenbach | O.-R.-Sch. | | 30./4. 06 | |
| 4484 | Carl | Senckenberg | Frankenthal | G. | | 20./6. 06 | |
| 4465 | Ernst | Welde | Donaueschingen | G. | | 25./6. 06 | |
| 4488 | Karl | Pauli | Landau | G. | | 17./7. 06 | |
| 4480 | Wilhelm | Clemm | Mannheim | G. | | 20./7. 06 | |
| 4485 | Karl | Traumann | Mainz | G. | | 3./8. 06 | |
| 4477 | Julius | Holzapfel | Richmond | Kings College (London) | | 8./8. 06 | |
| W.-S. 06/07 | | | | | | | |
| 4464 | Friedrich | Kraft | Heidelberg | O.-R.-Sch. | Curtius | 2./11. 06 | |
| 4471 | Heinrich | Clingestein | Zeitz | G. | | 16./11. 06 | |
| 5315 | Paul | Brehme | Hildesheim | R.-G. | | 16./11. 06 | |
| 4489 | August | Bockmühl | Schedewitz | G. | | 20./11. 06 | |
| 5313 | Percy | Bowles | London | Techn. Coll. in Finsburg | | 5./12. 06 | |
| 5319 | Eugen | Rimele | Aach | O.-R.-Sch. | | 11./12. 06 | |
| 5321 | Nicolas | Kyriacou | Konstantinopel | Lycée imper. Ottoman | | 17./12. 06 | |
| 5311 | Walter | Jilke | Frankfurt a. M. | G. | | 5./2. 07 | |
| 4470 | Karl | Hochschwender | Heidelberg | O.-R.-Sch. | | 11./2. 07 | |
| 5316 | Richard | Gaettens | Rostock | G. IIa | | 11./2. 07 | |
| 5317 | Wilhelm | Geis | Wiesbaden | G. | | 25./2. 07 | |

## Laboratorium des Prof. F. Krafft in Heidelberg.

| Aufgedruckte No. der Zeugniskarte | Vorname | Zuname | Geburtsort | Vorbildung | Examinatoren | Datum der Ausfertigung | Art der Prüfung |
|---|---|---|---|---|---|---|---|
| S.-S. 06 | | | | | | | |
| 4801 | Adam | Weyrich | Kirch-Brombach | O.-R.-Sch. Abs. | F. Krafft | 14./5. 06 | |
| 4802 | Aloys | Knocke | Ober-Ingelheim | R.-Sch. | F. Krafft | 12./7. 06 | |
| 4800 | Fritz | Seidel | Mannheim | O.-R.-Sch. Ib | F. Krafft | 28./7. 06 | |
| W.-S. 06/07 | | | | | | | |
| 4138 | Michael | Strich | Königsberg | G. abs. | Landolt Krafft | 25./10. 06 | |
| 4803 | Emil | Dillenius | München | G. IIa | F. Krafft | 14./12. 06 | |

## Universitätslaboratorium Jena.

| Aufgedruckte No. der Zeugniskarte | Vorname | Zuname | Geburtsort | Vorbildung | Examinatoren | Datum der Ausfertigung | Art der Prüfung |
|---|---|---|---|---|---|---|---|
| S.-S. 06 | | | | | | | |
| 5442 | Hans | Tiedtke | Hamburg | R.-G. | Knorr | 3./8. 06 | |
| 5443 | Alexander | Orechow | Astrachan | R.-G. | Knorr | 3./8. 06 | |
| 5444 | Wilhelm | Naumann | Naumburg | G. | Knorr | 3./8. 06 | |
| W.-S. 06/07 | | | | | | | |
| 5516 | Carl | Höfchen | Berlin | Ap. (Note I) | Knorr | 30./11. 06 | |
| 5445 | Arno | Weidel | Langebrück | R.-G. | Knorr | 18./1. 07 | |
| 5446 | Arno | Lwoff | Cherson | Hand.-Ak. Odessa | Knorr | 18./1. 07 | |
| 5447 | Felix | Raabe | Königsberg | Ap. (Note I) | Knorr | 18./1. 07 | |
| 5458 | Richard | Grün | Mannheim | R.-G. | Knorr | 19./1. 07 | |
| 5449 | Günther | Winkelhausen | Stargard | G. | Knorr | 19./1. 07 | |
| 5450 | Fritz | Zeidler | Crossen | O.-R.-Sch. | Knorr | 19./1. 07 | |
| 5451 | Clemens | Grimme | Heiligenstadt | Ap. (Note I) | Knorr | 5./3. 07 | |
| 5452 | William | Hicks | Liverpool | B. S. Liverpool | Knorr | 7./3. 07 | |
| 5454 | Howard | Butler | Bristol | Coll. Bristol | Knorr | 7./3. 07 | |
| 5455 | Otto | Rasch | Jena | G. | Knorr | 7./3. 07 | |
| 5456 | Peter | Hauptmann | Hamburg | R.-G. | Knorr | 7./3. 07 | |
| 5050 | Ferdinand | Preusser | Seetenich | Ap. (Note I) | Knorr | 7./3. 07 | |
| 5457 | Friedrich | Pauly | Oberursel | O.-R.-Sch. | Knorr | 8./3. 07 | |

# Chemisches Laboratorium der Technischen Hochschule zu Karlsruhe.

| Aufgedruckte No. der Zeugniskarte | Vorname | Zuname | Geburtsort | Vorbildung | Examinatoren | Datum der Ausfertigung | Art der Prüfung |
|---|---|---|---|---|---|---|---|
| S.-S. 06 | | | | | | | |
| 5413 | Moses | Margolis | Kowno | Russ. höh. Ind.-Sch. | Engler | 31./5. 06 | V. |
| 5416 | Zewel | Welikowsky | Mohilew | Agricult. Sch. 7 Kl. Cherson. | | 12./6. 06 | |
| 5417 | Rudolf | Albrecht | Riga | R.-G. abs. | | 19./6. 06 | |
| 5418 | Arrigo | Casanello | Genua | Inst. Schmidt St. Gallen | | 19./6. 06 | |
| 5415 | Walter | Kircher | St. Croix | R.-G. abs. IIa | | 20./7. 06 | |
| 5419 | Max | Schohl | Pirmasens | Ind.-Sch. Ab. | | 22./6. 06 | |
| 5420 | Erich | Lange | Engelhardshof (Livland) | G. abs (Russl.) | | 25./6. 06 | |
| 5741 | Otto | Ripke | Mitau | G. Ab. | | 29./6. 06 | |
| 5742 | Wilhelm | Becker | Prag | O.-R.-Sch. Ab. | | 12./7. 06 | |
| 5743 | Alexander | Hullard | Saargemünd | O.-R.-Sch. | | 13./7. 06 | |
| 5744 | August | Meier | Baden-Baden | R.-G. Ab. | | 17./7. 06 | |
| 5745 | Willy | Prager | Bukarest | G. IIa abs. | | 17./7. 06 | |
| 5746 | Karl | Stoll | Hagenau | G. IIa | | 18./7. 06 | |
| 5749 | Gustav | v. Wolodkowitsch | Witebsk | Cadettencorps St. Petersburg | | 27./7. 06 | |
| 5747 | Hugo | Schmiedt | Bitterfeld | O.-R.-Sch. Ab. | | 18./7. 06 | |
| 5748 | Karl | Frisch | Versecz | Höh. Hand.-Sch. (Clausenburg) | | 20./7. 06 | |
| W.-S. 06/07 | | | | | | | |
| 5750 | Erwin | Blümner | Zürich | G. IIb. | | 31./10. 06 | |
| 5753 | Anatol | Ryss | Rostow a. D. | Russ. R.-Sch. abs. | | 4./12. 06 | |
| 5755 | Konrad | Kolshorn | Reval | G. Ib | | 8./1. 07 | |
| 5754 | Gustav | Mechtersheimer | Landau | G. Ab. | | 22./2. 07 | |
| 5752 | Ernst | Terres | Metz | Ind.-Sch. abs. | | 22./2. 07 | |
| 5401 | Josef | Adler | Radom | Russ. G. abs. Radom | | 24./7. 06 | D. |
| 5756 | Johann | Andrewo | Bjelosersk | Russ. G. abs. Nowgorod | | 25./7. 06 | |
| 5759 | Victor | Altmayer | Neunkirchen | G. abs. IIb | | 2./11. 06 | |
| 5758 | Max | Baechler | Kreuzlingen | Kant.-Sch. abs. | | 31./5. 06 | |
| 5757 | Lucian | Bergmann | Strassburg | O.-R.-Sch. abs. IIa | | 2./11. 06 | |
| 6281 | Arthur | v. Dehn | Gut Mehekul | St. Annensch. St. Petersburg abs. | | 24./7. 06 | |

## Chemisches Laboratorium der Techn. Hochschule zu Karlsruhe. Fortsetzung.

| Aufgedruckte No. der Zeugniskarte | Vorname | Zuname | Geburtsort | Vorbildung | Examinatoren | Datum der Ausfertigung | Art der Prüfung |
|---|---|---|---|---|---|---|---|
| W.-S. 06/07 | | | | | | | |
| 5760 | Hermann | Kasarnowski | Warschau | Russ. R.-Sch. (6 Kl.) | Engler | 14./12. 06 | D. |
| 6282 | Josef | Kinsky | Temesvar | O.-R.-Sch. abs. Temesvar | Engler | 2./11. 06 | D. |
| 6283 | Wilhelm | Leibrock | Limbach | Ind.-Sch. abs. | Engler | 25./7. 06 | D. |
| 6284 | Richard | Levi | Hassloch | Ind.-Sch. abs. | Engler | 4./12. 06 | D. |
| 6285 | Werner | Plüddemann | Finkenheerd | G Ab. | Engler | 31./5. 06 | D. |
| 6286 | Alfred | Poff | Witten | O.-R.-Sch. IIb abs. | Engler | 25./6. 06 | D. |
| 6287 | Adolf | Ruppert | Karlsruhe | R.-G. Ab. | Engler | 1./7. 06 | D. |
| 6288 | David | Raichenstein | Mohilew | Russ. G. abs. | Engler | 24./7. 06 | D. |
| 6289 | Ludwig | Stuckert | Weidenthal | Ind.-Sch. abs. | Engler | 4./11. 06 | D. |
| 6291 | Max | Teichel | Dresden | Gew.-Ak. abs. | Engler | 4./11. 06 | D. |
| 6290 | Wilhelm | Vonnegut | Münster i. W. | O.-R.-Sch. abs. IIa | Engler | 6./3. 06 | D. |
| 6292 | Walter | Witzmann | Salzungen | R.-G. abs. | Engler | 31./3. 06 | D. |
| 6293 | Robert | Schmitt | Pirmasens | Ind.-Sch. abs. | Engler | 29./1. 06 | D. |
| 6294 | Heinrich | Bigalke | Skaschin | Russ. R.-Sch. (8 Kl.) | Engler | 2./11. 06 | D. |
| 6295 | Walter | Westin | Helsingfors | Schwed. Normal-G. abs. (8 Kl.) | Engler | 4./11. 06 | D. |
| 6296 | Max | Eschmann | Gnadenthal | — | Engler | 1./6. 06 | D. |
| 6297 | Harry | Zilliacus | Tusby | Neue Schwed. Lehranst. (9 Kl.) abs. | Engler | 4./11. 06 | D. |
| 6298 | Jeremias | Schick | Kertsch | Russ. G. abs. | Engler | 4./12 06 | D. |
| 6299 | Abraham | Bogomolny | Tulczyn | Russ. G. abs. | Engler | 23./7. 06 | D. |
| 6300 | Bernhard | Lienhardt | Brückheim | G. IIb abs. | Engler | 3./11. 06 | D. |
| 6301 | Paul | Moskopp | Mainz | R.-Sch. IIb abs. | Engler | 6./3. 06 | D. |
| 6302 | Jtzko | Schmerling | Mohilew | Russ. R.-Sch. | Engler | 4./12. 06 | D. |
| 6303 | Erich | v. Stritzky | Riga | O.-R.-Sch. abs. (Riga) | Engler | 23./7. 06 | D. |

## Universitäts-Laboratorium Kiel.

| | | | | | | | |
|---|---|---|---|---|---|---|---|
| S.-S. 06 | | | | | | | |
| 4860 | August | Bandrexel | München | G. | Harries | 9./7. 06 | |
| 4863 | Alfred | Himmelmann | Cassel | R.-G. | Harries | 6./8. 06 | |
| W.-S. 06/07 | | | | | | | |
| 4853 | Ludwig | Tank | Kiel | O.-R.-Sch. | Harries | 28./11. 06 | |
| 4866 | Max | Boegemann | Hamburg | R.-G. | Harries | 8./3. 07 | |

## Chemisches Laboratorium der Universität Leipzig.

| Aufgedruckte No. der Zeugniskarte | Vorname | Zuname | Geburtsort | Vorbildung | Examinatoren | Datum der Ausfertigung | Art der Prüfung |
|---|---|---|---|---|---|---|---|
| S.-S. 06 | | | | | | | |
| 4639 | Sidonius | Kessler | Reichenbach i.V. | Einj. | | 28/4. 06 | |
| 5356 | Otto | Kölzig | Glauchau | Einj. | | 28./5. 06 | |
| 5357 | Georg | Kanasirsky | Burgas (Bulgarien) | R.-G. Rustschuk | | 2./6. 06 | |
| 5360 | Friedrich | Bunge | Spittewitz b. Meissen | Gew.-Ak. Chemnitz | | 10./7. 06 | |
| 5762 | Rudolf | Lohse | Gera | G. | | 3./8. 06 | |
| 5763 | Franz | Merkel | Stassfurt | Einj. | | 3./8. 06 | |
| W.-S. 06/07 | | | | | Hantzsch | | |
| 5765 | Norman | Picton | Hirwain (Wales) | B. S. | | 30./10. 06 | |
| 5766 | Waldemar | Fischer | Moszczenice (Russ Polen) | Höh. Gew.-Sch. zu Lodz | | 31./10. 06 | |
| 5767 | Edgar P. | Hedley | Dublin | B. S. | | 1./11. 06 | |
| 5768 | Marie | Grigorieff | St. Petersburg | Russ. Mädch.-G. Ab. | | 6./11. 06 | |
| 5769 | Gustav | Rehbein | Berlin | Einj. | | 15./12. 06 | |
| 5770 | Robert H. | Clark | Toronto (Canada) | B. S. u. M. A. | | 5./2. 07 | |
| 5771 | Hugo | Viertel | Dresden | Einj. | | 28./2. 07 | |

## Physik.-chem. Institut der Universität Leipzig.

| Aufgedruckte No. der Zeugniskarte | Vorname | Zuname | Geburtsort | Vorbildung | Examinatoren | Datum der Ausfertigung | Art der Prüfung |
|---|---|---|---|---|---|---|---|
| S.-S. 06 | | | | | | | |
| 5163 | Ehrhart | Mäkelt | Dresden | R.-G. Ab. | i. V. Luther Ostwald | 25./7. 06 | |
| 5162 | Morton | Masius | Eggharbor New Jersey | G. Ab. | Ostwald | 31./7. 06 | |
| 5170 | Johannes | v. d. Wehl | Leipzig | R.-Sch. Einj. | Ostwald | 1./8. 06 | |
| W.-S. 06/07 | | | | | | | |
| 5793 | John Hughes | Davies | Merthyr Tydfil | B. S. | Le Blanc | 9/11. 06 | |
| 4206 | Wassili | Novikow | Kertsch | G. Ab. | Ostwald Le Blanc | 8./12. 06 | |
| 5791 | Hugo | Morawitz | Petersburg | G. Ab. | Ostwald Le Blanc | 14./2. 07 | |
| 5751 | Ernest S. | Grumell | London | Tonbridge-Sch. London | Engler Le Blanc | 18./2. 07 | |
| 5168 | Frank | Mac Dougall | Maxville | M. A. Queens Univ. (Kingston Can.) | i. V. Luther Le Blanc | 18./2. 07 | |
| 5794 | Tadeus | Oryng | Warschau | G. Ab. Warschau | Le Blanc | 8./3. 07 | |

## Laboratorium für angewandte Chemie der Universität Leipzig.

| Aufgedruckte No. der Zeugniskärte | Vorname | Zuname | Geburtsort | Vorbildung | Examinatoren | Datum der Ausfertigung | Art der Prüfung |
|---|---|---|---|---|---|---|---|
| S.-S. 06 | | | | | | | |
| 5511 | Conrad A. | Kubler | New York | R.-G. IIa Ap. I | Prof. Dr. E. Beckmann | 23./4. 06 | |
| 5116 | August | Stirnus | Magdeburg | G. Ab. | | 3./5. 06 | |
| 4299 | Theodor | Klopfer | Lübeck | R.-G. Ab. Ap. I | | 23./5. 06 | |
| 4293 | Karl | Koenig | Sudenburg b. Magdeburg | G. Ib | | 31./5. 06 | |
| 5117 | Hans | Finkelstein | Leipzig-Lindenau | G. Ab. | | 17./6. 06 | |
| 5523 | Apostolos B. | Sourlis | Piraeus (Griechenland) | G. zu Piraeus abs. | | 1./8. 06 | |
| 4294 | Carl | Naumann | Sebnitz i. Sachsen | Gew.-Ak. Chemnitz Ab. | | 2./8. 06 | |
| 5111 | Paul | Scholz | Oppeln | G. Ib | | 3./8. 06 | |
| W.-S. 06/07 | | | | | | | |
| 5517 | Wilhelm | Galleh | Leipzig | G. Ab. | | 9./11. 06 | |
| 5520 | Rudolf | Flebbe | Detmold | G. IIa Ap. I | | 14./11. 06 | |
| 5519 | Curt | Dornberger | Leipzig | G. IIa Ap. I | | 26./11. 06 | |
| 5512 | Joh. | Hagenacker | Beeck (Rheinld.) | O.-R.-Sch. Ab. | | 6./12. 06 | |
| 4927 | Konrad | Bandau | Olgalust (Russld.) | G. Ab. | | 13./12. 06 | |
| 5101 | Max | Engelhardt | Frankfurt a. M. | R.-G. Ab. | | 19./12. 06 | |
| 5530 | Arthur | Güttich | Hecklingen Anhalt | G. IIa Ap. I | | 7./3. 07 | |
| 5522 | Adolf | Rollett | Moskau | G. Ab. Moskau | | 7./3. 07 | |
| 5524 | Arthur | Frohberg | Zschäschütz b. Döbeln | R.-G. Ab. | | 8./3. 07 | |

## Chem. Laboratorium des physiologischen Instituts der Universität Leipzig.

| | | | | | | | |
|---|---|---|---|---|---|---|---|
| W.-S. 06/07 | | | | | | | |
| 5612 | Simon | Howwjanz | Ardwi (Kaukasus) | Geistl.-Hoch.-Ak. abs. | M. Siegfried | 16./11. 06 | |
| 5613 | Ernst Wolfgang | Müller | Doberun | G. Dr. jur. | | 19./1. 07 | |

## Chemisches Institut der Universität Marburg.

| | | | | | | | |
|---|---|---|---|---|---|---|---|
| S.-S. 06 | | | | | | | |
| 5075 | Otto | Bury | Hanau | O.-R.-Sch. Ib | Zincke | 23./4. 06 | |
| 5076 | Paul | Jörg | Frankfurt a. M. | O.-R.-Sch. Ab. | | 23./4. 06 | |
| 5073 | Hans | Andreae | Burgbrohl | G. Ab. | | 23./4. 06 | |
| 5077 | Carl | Zahn | Cassel | O.-R.-Sch. Ab. | | 24./4. 06 | |
| 5078 | Georg | Finck | Marburg | O.-R.-Sch. Ab. | | 17./5. 06 | |

## Chemisches Institut der Universität Marburg. Fortsetzung.

| Aufgedruckte No. der Zeugniskarte | Vorname | Zuname | Geburtsort | Vorbildung | Examinatoren | Datum der Ausfertigung | Art der Prüfung |
|---|---|---|---|---|---|---|---|
| S.-S. 06 | | | | | | | |
| 5079 | Arthur | Küchler | Ilmenau | G. IIa | | 26./7. 06 | |
| 4479 | Oskar | Nassauer | Mainz | G. Ab. | | 13./6. 06 | |
| 5080 | Carl | Stockfisch | Schwarzenau | O.-R.-Sch. Ab. | | 5./7. 06 | |
| 5082 | Georg | Heffter | Leipzig | O.-R.-Sch. IIb | | 19./7. 06 | |
| 5081 | Ewald | Weller | Haiger | O.-R.-Sch. Ab. | | 5./7. 06 | |
| 5684 | Franz | Grube | Stollhamm | O.-R.-Sch. Ab. | | 30./7. 06 | |
| W.-S. 06/07 | | | | | | | |
| 5685 | Friedr. | Keutel | Hannover | G. Ab. | Zincke | 20./10. 06 | |
| 5683 | Sebast. | Bamberger | Mainz | R.-G. Ab. | | 30./10. 06 | |
| 5681 | Wilhelm | Frohneberg | Naumburg | R.-G. Ab. | | 30./10. 06 | |
| 5687 | Benno | Schreyer | Drohobitsch | G. IIb | | 22./2. 07 | |
| 5688 | Max | Völker | Kirchhain | O.-R.-Sch. Ab. | | 22./2. 07 | |
| 5689 | Karl | Vogel | Kirberg | G. Ab. | | 22./2. 07 | |
| 5690 | Hans | Budde | Konstantinopel D. St.-Angeh. | G. Ab. | | 28./2. 07 | |

## Pharmazeut.-chem. Institut der Universität Marburg.

| Aufgedruckte No. der Zeugniskarte | Vorname | Zuname | Geburtsort | Vorbildung | Examinatoren | Datum der Ausfertigung | Art der Prüfung |
|---|---|---|---|---|---|---|---|
| S.-S. 06 | | | | | | | |
| 5602 | Hermann | Alpers | Marburg | Ap. (I) | | 9./8. 06 | |
| W.-S. 06/07 | | | | | | | |
| 5603 | Rudolf | Ebeling | Osnabrück | R.-G. Ab. | | 30./10. 06 | |
| 5604 | Gerhard | Kunze | Königsberg | G. Ab. | E. Schmidt | 17./11. 06 | |
| 5605 | Franz | Lehmann | Tarputschen | G. Ab. | | 2./3. 07 | |
| 5606 | Ernst | Reinbeck | Torgau | Ap. (II) | | 4./3. 07 | |
| 5607 | August | Beckel | Wiesbaden | G. Ab. | | 23./3. 07 | |

## Chemisches Laboratorium des Staates in München.

| Aufgedruckte No. der Zeugniskarte | Vorname | Zuname | Geburtsort | Vorbildung | Examinatoren | Datum der Ausfertigung | Art der Prüfung |
|---|---|---|---|---|---|---|---|
| S.-S. 06 | | | | | | | |
| 4064 | Elsa | Merckle | Frankenthal | G. | | 27./4. 06 | |
| 4065 | Max | Bockmühl | Barmen | Ap. | | 1./5 06 | |
| 4066 | Eduard | Rasel | Schnaittenbach | G. | | 2./5. 06 | |
| 4067 | Günther | Bugge | Godesberg | R.-G. | | 2./5. 06 | |
| 4068 | Boris | Kempe | Moskau | G. | | 8./5. 06 | |
| 4069 | Heinrich | Veckenstädt | Danstedt | G. | v. Baeyer | 22./5. 06 | |
| 4070 | Karl | Ott | Ansbach | G. | | 30./5. 06 | |
| 4071 | Leonhard | Rothlauf | München | G. | | 26./6. 06 | |
| 4072 | Franz | Rapp | Erfurt | G. | | 27./6. 06 | |
| 4073 | Georg | Ebert | Ansbach | G. | | 3./7. 06 | |
| 4074 | Anton | Kraisy | München | G. | | 17./7. 06 | |

## Chemisches Laboratorium des Staates in München. Fortsetzung.

| Aufgedruckte No. der Zeugniskarte | Vorname | Zuname | Geburtsort | Vorbildung | Examinatoren | Datum der Ausfertigung | Art der Prüfung |
|---|---|---|---|---|---|---|---|
| S.-S. 06 | | | | | | | |
| 4075 | Alexander | Fröhlich | Kattowitz | Ap. | v. Baeyer | 24./7. 06 | |
| 4076 | Hans | Schmidt | Waldhausen | G. | v. Baeyer | 24./7. 06 | |
| 4077 | Paul | Leidler | Neusalza | Ap. | v. Baeyer | 25./7. 06 | |
| W.-S. 06/07 | | | | | | | |
| 4078 | Georg | Bökman | Stockholm | O.-R.-Sch. | v. Baeyer | 26./10. 06 | |
| 4079 | Walter | Maass | Lindenstadt | G. | v. Baeyer | 26./10. 06 | |
| 4080 | Wilhelm | Kraft | Waiblingen | G. | v. Baeyer | 9./11. 06 | |
| 4081 | Heinrich | Kirmreuther | Hof | G. | v. Baeyer | 15./11. 06 | |
| 4082 | Heinrich | Schneider | München | G. | v. Baeyer | 23./11. 06 | |
| 4083 | Karl | Bornemann | Wernigerode | G. | v. Baeyer | 9./3. 07 | |
| 4084 | Karl | Fiedler | Wien | G. | v. Baeyer | 10./3. 07 | |

## Laboratorium für angewandte Chemie an der Kgl. Universität in München.

| | | | | | | | |
|---|---|---|---|---|---|---|---|
| W.-S. 06/07 | | | | | | | |
| 4926 | Kurt | Renz | Stuttgart | R.-G. | Th. Paul | 8./3. 07 | |

## Anorg.-chemisches und Chemisch-technisches Laboratorium der Technischen Hochschule München.

| | | | | | | | |
|---|---|---|---|---|---|---|---|
| S.-S. 06 | | | | | | | |
| 4722 | Georg | Herrmann | Bischofsgrün | Ind. Sch. | Muthmann, Schulz | 30./4. 06 | |
| 4723 | Harbord | Mitscherlich | Freiburg | O.-R.-Sch. | Muthmann | 16./5. 06 | |
| 5171 | Wilhelm | Gorr | Münzenberg (Hessen) | R.-G. | Elbs, Schultz | 7./7. 06 | |
| 5241 | Fritz | Moschel | Lambsheim (Pfalz) | G. | Schultz | 14./7. 06 | |
| 5242 | August | Ostertag | Nördlingen | Ind.-Sch. | Muthmann, Schultz | 20./7. 06 | |
| 5243 | Arthur | Heinrich | Város-Szalónak (Ungarn) | G. | Muthmann, Schultz | 20./7. 06 | |
| 5244 | Albert | Loeb | Cöln | R.-G. | Schultz | 20./7. 06 | |
| 5245 | Heinrich | Vetter | Zabrze (Oberschlesien) | G. | Muthmann | 31./7. 06 | |
| W.-S. 06/07 | | | | | | | |
| 5246 | Martin | Miller | Augsburg | Ind.-Sch. | Muthmann | 6./9. 06 | |
| 5247 | Leopold | Ehrengut | München | Ind.-Sch. | Muthmann | 21./11. 06 | |
| 5248 | Heinrich | Schuls | Neustadt a. Aisch | Ind.-Sch. | Muthmann | 21./11. 06 | |
| 5249 | Franz | Riedmaier | München | Ind.-Sch. | Muthmann | 21./11. 06 | |

## Anorg.-chemisches und Chemisch-technisches Laboratorium der Technischen Hochschule München. Fortsetzung.

| Aufgedruckte No. der Zeugniskarte | Vorname | Zuname | Geburtsort | Vorbildung | Examinatoren | Datum der Ausfertigung | Art der Prüfung |
|---|---|---|---|---|---|---|---|
| W.-S. 06/07 | | | | | | | |
| 5250 | Aloys | Russ | Neu-Ulm | Ind.-Sch. | Muthmann | 21./11. 06 | |
| 5251 | Emil | Berwald | Lyck (Preussen) | Ind.-Sch. | Muthmann | 21./11. 06 | |
| 4754 | Rudolf | Bartz | Moskau | G. | Schultz | 21./11. 06 | |
| 5252 | Ferdinand | Bornemann | Vorbrück (Preussen) | Ind.-Sch. | Muthmann | 22./11. 06 | |
| 5253 | Fritz | Feistmann | München | Ind.-Sch. | Muthmann | 11./12. 06 | |
| 5254 | Wilhelm | Hirschkind | Baiersdorf (Mittelfranken) | Ind.-Sch. | Muthmann | 13./12. 06 | |
| 5255 | Johann | Niklas | Traunstein | Ind.-Sch. | Muthmann | | |
| 5256 | Friedrich | Freiherr von Bibra | München | G. | Schultz<br>Muthmann | 6./2. 07 | |
| 5257 | Walter | Heilborn | Frankfurt a. O. | G. | Schultz | 8./2. 07 | |
| 5258 | Paul | Giesmann | Danzig | R.-G. | Schultz | 11./3. 07 | |

## Chemisches Institut der Universität Münster i. W.

| Aufgedruckte No. der Zeugniskarte | Vorname | Zuname | Geburtsort | Vorbildung | Examinatoren | Datum der Ausfertigung | Art der Prüfung |
|---|---|---|---|---|---|---|---|
| S.-S. 06 | | | | | | | |
| 4310 | Hugo | Grossmann | Münster i. W. | G. Ab. | Salkowski | 28./5. 06 | |
| W.-S. 06/07 | | | | | | | |
| 4311 | Wilhelm | Sutthoff | Greven | G. Ab. | Salkowski | 1./3. 07 | |
| 4312 | Arthur | Splittgerber | Meiningen | G. Ab. | Salkowski | 1./3. 07 | |
| 4313 | Ernst | Luchmann | Münster i. W. | R.-G. Ab. | Salkowski | 1./3. 07 | |

## Chemisches Universitäts-Laboratorium Rostock.

| Aufgedruckte No. der Zeugniskarte | Vorname | Zuname | Geburtsort | Vorbildung | Examinatoren | Datum der Ausfertigung | Art der Prüfung |
|---|---|---|---|---|---|---|---|
| S.-S. 06 | | | | | | | |
| 5151 | Walter | Königs | Crefeld | R.-G. Ib | Michaelis | 25./4. 06 | |
| 5152 | Victor | Marsson | Berlin | G. IIa | Michaelis | 25./4. 06 | |
| 5153 | Julius | Leo | Dresden | R.-Prog. Ab. | Michaelis | 3./5. 06 | |
| 5154 | Paul | Kotelman | Treptow | G. IIa | Michaelis | 13./6. 06 | |
| 5155 | Ernst | Wulle | Stuttgart | R.-G. IIa | Michaelis | 14./6. 06 | |
| 1899 | Erich | Weber | Rostock | G. | Muthmann<br>Michaelis | 18./6. 06 | |
| 5159 | Paul | Abel | Rostock | R.-G. IIa Ap. (I) | Michaelis | 12./7. 06 | |
| 5160 | Richard | Gering | Herschel | G. | Michaelis | 26./7. 06 | |
| 5821 | Ernst August | Struss | Hannover | R.-G. Ib | Michaelis | 10./8. 06 | |
| W.-S. 06/07 | | | | | | | |
| 4483 | Hildemar | Mielk | Hamburg | G. Ia | Curtius<br>Michaelis | 30./10. 06 | |
| 5822 | Walter | Willert | Neu-Ruppin | G. IIa Ap. I | Michaelis | 16./11. 06 | |
| 5823 | Hans | Guth | Warnemünde | R.-G. IIa | Michaelis | 26./11. 06 | |
| 5824 | Otto | Thelen | Köln | G. IIa Ap. II | Michaelis | 29./11. 06 | |
| 5825 | August | Causé | Mainz | G. IIa Ap. II | Michaelis | 10./1. 07 | |
| 5826 | Hermann | Gerber | Gustnitz | Prog. Ab. Ap. I. | Michaelis | 21./1. 07 | |

## Chemisches Universitäts-Laboratorium Rostock. Fortsetzung.

| Aufgedruckte No. der Zeugniskarte | Vorname | Zuname | Geburtsort | Vorbildung | Examinatoren | Datum der Ausfertigung | Art der Prüfung |
|---|---|---|---|---|---|---|---|
| W.-S. 06/07 | | | | | | | |
| 5827 | Armin | Ranft | Schmiedewalde | G. Ab. | Michaelis | 23./1. 07 | |
| 4864 | Felix | Engelhardt | Eisenach | O.-R.-Sch. I a | Harries Michaelis | 13./2. 07 | |
| 2675 | Albert | Hofmeister | Prottenburg | G. I a | Seubert Michaelis | 15./2. 07 | |

## Chemisches Laboratorium der Universität Strassburg.

| Aufgedruckte No. der Zeugniskarte | Vorname | Zuname | Geburtsort | Vorbildung | Examinatoren | Datum der Ausfertigung | Art der Prüfung |
|---|---|---|---|---|---|---|---|
| W.-S. 06/07 | | | | | | | |
| 4826 | Erwin | Ott | Elberfeld | O.-R.-Sch. | Thiele | 19./11. 06 | |
| 4827 | Paul | Kober | Ober-Ehnheim (Elsass) | G. | Thiele | 5./12. 06 | |
| 5133 | Theodor | Baer | Halberstadt | O.-R.-Sch. | Tafel Thiele | 5./12. 06 | |
| 4828 | Arthur | Cox | Birmingham | Grammar School | Thiele | 20./12. 06 | |
| 4829 | Fred. | Barrow | Birmingham | M. S. Birmingham | Thiele | 14./1. 07 | |
| 4830 | H. P. | Armes | Leeds | B. S. Leeds | Thiele | 15./1. 07 | |

## Laboratorium für allgemeine Chemie, Technische Hochschule Stuttgart.

| Aufgedruckte No. der Zeugniskarte | Vorname | Zuname | Geburtsort | Vorbildung | Examinatoren | Datum der Ausfertigung | Art der Prüfung |
|---|---|---|---|---|---|---|---|
| S.-S. 06 | | | | | | | |
| 4385 | Paul | König | Ellwangen | G. IIa Ap. | Hell | 27./7. 06 | V. |
| 4386 | Edwin | Kindler | Striege Kr. Strehlen (Schlesien) | G. IIa Ap. | Hell | 27./7. 06 | V. |
| W.-S. 06/07 | | | | | | | |
| 4387 | Otto | Braun | Stuttgart | R.-G. Ab. | Hell | 10. 06 | D. |
| 4388 | Hermann | Vetter | Ludwigsburg | R.-G. Ab. | Hell | 10. 06 | D. |
| 4389 | Ernst | Fischer | Heilbronn | R.-G. Ab. | Hell | 10. 06 | D. |
| 5891 | Immanuel | Friz | Stuttgart | O.-R.-Sch. Ab. u. Ap. | Hell | 10. 06 | D. |
| 5892 | Julius | Söll | Stuttgart | G. Ab. | Hell | 10. 06 | D. |
| 5893 | Hermann | Stützel | Aalen | O.-R.-Sch. Ab. | Hell | 10. 06 | D. |
| 5894 | Rudolf | Unsöld | Stuttgart | R.-G. Ab. | Hell | 10. 06 | D. |
| 5895 | Wilh. | Bantleon | Ulm a. D. | R.-G. Ab. | Hell | 10. 06 | D. |
| 5896 | Karl | Burr | Aalen | O.-R.-Sch. Ab. | Hell | 10. 06 | D. |
| 5897 | Wilhelm | Franck | Stuttgart | O.-R.-Sch. Ab. | Hell | 10. 06 | D. |
| 5898 | Oskar | Lamparter | Esslingen | O.-R.-Sch. Ab. | Hell | 10. 06 | D. |
| 5899 | Adolf | Reitz | Stuttgart | O.-R.-Sch. Ab. | Hell | 10. 06 | D. |
| 5900 | Ernst | Wecker | Heilbronn | O.-R.-Sch. Ab. | Hell | 10. 06 | D. |
| 5901 | Alfred | Bogisch | Feuerbach | O.-R.-Sch. Ab. | Hell | 10. 06 | D. |
| 5902 | Robert | Mezger | Stuttgart | O.-R.-Sch. Ab. | Hell | 10. 06 | D. |
| 5903 | Hans | Moser | Cannstatt | O.-R.-Sch. Ab. | Hell | 10. 06 | D. |
| 4390 | Alfred | Schmid | Heilbronn | O.-R.-Sch. Ab. | Hell | 9./1. 07 | D. |
| 5904 | Robert | Braun | Ohringen | Ap. | Hell | 3. 07 | V. |
| 5905 | Markus | Otto | Nürtingen | Ap. | Hell | 3. 07 | V. |

## Chemisches Laboratorium der Universität Tübingen.

| Aufgedruckte No. der Zeugniskarte | Vorname | Zuname | Geburtsort | Vorbildung | Examinatoren | Datum der Ausfertigung | Art der Prüfung |
|---|---|---|---|---|---|---|---|
| S.-S. 06 | | | | | | | |
| 4781 | Heinrich | Elvert | Dortmund | Ap. I | W. Wislicenus | 27./4. 06 | |
| 4782 | Daniel | Schenk | Essen a. R. | Ap. I | W. Wislicenus | 4./5. 06 | |
| 4784 | Erwin | Kostenbader | Brackenheim | O.-R.-Sch. | W. Wislicenus | 18./7. 06 | |
| 4772 | Hermann | Sigeneger | Urach | O.-R.-Sch. | W. Wislicenus | 27./7. 06 | |
| W.-S. 06/07 | | | | | | | |
| 4785 | Theodor | Schumann | Hecklingen (Anhalt) | Ap. I | W. Wislicenus | 5./11. 06 | |
| 4786 | Eugen | Feucht | Knittlingen (Württemberg) | Ap. I | W. Wislicenus | 13./12. 06 | |
| 4788 | Karl | Haas | Freudenstadt | R.-Sch. IIa | W. Wislicenus | 14./1. 07 | |
| 4789 | Wilhelm | Silberstein | Schwiebus | Ap. I | W. Wislicenus | 12./2. 07 | |
| 4790 | Ernst | Bames | Saulgau | G. | W. Wislicenus | 4./3. 07 | |
| 5971 | Ferdinand | Reischle | Kisslegg | Ap. I | W. Wislicenus | 5./3. 07 | |

## Chemisches Institut der Universität Würzburg.

| Aufgedruckte No. der Zeugniskarte | Vorname | Zuname | Geburtsort | Vorbildung | Examinatoren | Datum der Ausfertigung | Art der Prüfung |
|---|---|---|---|---|---|---|---|
| S.-S. 06 | | | | | | | |
| 5126 | Paul | Haas | Nürnberg | R.-G. abs. | Tafel | 26./6. 06 | |
| 5124 | Robert | Fuchs | Schweinfurt | Ind.-Sch. abs. | Tafel | 3./7. 06 | |
| 5130 | Georg | Renger | Creussen | Ap. | Tafel | 3./7. 06 | |
| 5128 | Eduard | Remy | Elberfeld | Ap. I | Tafel | 24./7. 06 | |
| W.-S. 06/07 | | | | | | | |
| 5134 | Karl | Gundermann | Würzburg | R.-G. abs. | Tafel | 17./10. 06 | |
| 5122 | Wilhelm | Breuning | Kaufbeuren | Ind.-Sch. abs. | Tafel | 18./10. 06 | |
| 5137 | Newton | Friend | Newton-Abbot | M. S. Birmingham | i. V. Manchot | 24./10. 06 | |
| 5138 | Eduard Percy | Frankland | London | B. A. Cambridge | i. V. Manchot | 19./11. 06 | |
| 5127 | Conrad | Schübel | Stadtsteinach | Ind.-Sch. abs. | Tafel / i. V. Manchot | 3./12. 06 | |
| 5139 | Wilhelm | Kampschulte | Cöln | R.-G. abs. | i. V. Manchot | 27./2. 07 | |

## Pharmazeutisches Institut der Universität Würzburg.

| Aufgedruckte No. der Zeugniskarte | Vorname | Zuname | Geburtsort | Vorbildung | Examinatoren | Datum der Ausfertigung | Art der Prüfung |
|---|---|---|---|---|---|---|---|
| S.-S. 06 | | | | | | | |
| 3464 | Hans | Schwedhelm | Erfurt | Einj. | Medicus | 30./7. 06 | |
| W.-S. 06/07 | | | | | | | |
| 3465 | Walther | Dietloff | Berlin | Einj. | Medicus | 29./10. 06 | |
| 3466 | Theodor | Steffen | Hildesheim | Ap. | Medicus | 18./12. 06 | |

F

# Übersichtstabelle über die Anzahl der ausgestellten Verbandszeugnisse.

| Ort | Institut | Zahl der ausgestellten Zeugnisse | | | |
|---|---|---|---|---|---|
| | | im Sommer 1906. | | Im Winter 1906/07. | |
| | | U*) | T*) | U*) | T*) |
| Aachen | Chemisches Laboratorium T | — | 1 | — | 2 |
| Berlin | I. Chemisches Institut U | 15 | — | 21 | — |
| Berlin | Physik.-chemisches Institut U | 6 | — | 5 | — |
| Berlin | Technologisches Institut U | — | — | 1 | — |
| Berlin | Anorganisches Laboratorium T | — | 11 | — | 19 |
| Berlin | Elektrochemisches Laboratorium T | — | 2 | — | 3 |
| Berlin | Organisches Laboratorium T | — | 7 | — | 8 |
| Berlin | Technisch-chemisches Laboratorium | — | — | — | 2 |
| Berlin | Chemisches Laboratorium der landw. Hochschule | — | 1 | — | — |
| Bonn | Chemisches Institut U | 3 | — | 5 | — |
| Braunschweig | Chemisches Laboratorium T | — | 3 | — | 12 |
| Braunschweig | Pharmazeutisches Institut T | — | 6 | — | 9 |
| Breslau | Chemisches Institut U | 10 | — | 5 | — |
| Breslau | Pharmazeutisches Institut U | 1 | — | — | — |
| Breslau | Landwirtschaftlich-technologisches Insitut U | 2 | — | 1 | — |
| Danzig | Anorganisches und organisches Laboratorium | — | — | — | 2 |
| Darmstadt | Chemisch-technisches und elektrochemisches Institut T | — | 1 | — | 8 |
| Darmstadt | Chemisches Institut T | — | 2 | — | 7 |
| Dresden | Chemische Institute T | — | 8 | — | 17 |
| Erlangen | Chemisches Institut U | 2 | — | 3 | — |
| Erlangen | Pharmazeutisch-chemisches Institut U | — | — | 2 | — |
| Freiburg | Chemisches Laboratorium (med. Abt.) U | 2 | — | 3 | — |
| Freiburg | Chemisches Laboratorium (philos. Abt.) U | 8 | — | 9 | — |
| Gießen | Chemisches Laboratorium U | 7 | — | 5 | — |
| Gießen | Physikalisch-chemisches Laboratorium U | 5 | — | 4 | — |
| Göttingen | Allgemeines chemisches Laboratorium U | 8 | — | 9 | — |
| Göttingen | Laboratorium für anorganische Chemie U | 1 | — | 1 | — |
| Göttingen | Agrikultur-chemisches Laboratorium U | 1 | — | — | — |

| | | | | | |
|---|---|---|---|---|---|
| Greifswald | Chemisches Institut U | — | — | 3 | — |
| Halle | Chemisches Institut U | 3 | — | 6 | — |
| Hannover | Laboratorium für anorganische Chemie T | — | — | — | 7 |
| Heidelberg | Universitäts-Laboratorium U | 8 | — | 11 | — |
| Heidelberg | Laboratorium des Prof. F. Krafft U | 3 | — | 2 | — |
| Jena | Universitäts-Laboratorium U | 3 | — | 14 | — |
| Karlsruhe | Chemisches Institut T | — | 16 | — | 34 |
| Kiel | Universitäts-Laboratorium U | 2 | — | 2 | — |
| Leipzig | Chemisches Laboratorium U | 6 | — | 7 | — |
| Leipzig | Physikalisch-chemisches Institut U | 3 | — | 6 | — |
| Leipzig | Laboratorium für angewandte Chemie U | 8 | — | 9 | — |
| Leipzig | Chemisches Laboratorium des physiologischen Instituts U | — | — | 2 | — |
| Marburg | Chemisches Institut U | 11 | — | 7 | — |
| Marburg | Pharmazeutisch-chemisches Institut U | 1 | — | 5 | — |
| München | Chemisches Laboratorium des Staates U | 14 | — | 7 | — |
| München | Laboratorium für angewandte Chemie U | — | — | 1 | — |
| München | Anorganisches und chemisch-technisches Laboratorium T | — | 8 | — | 14 |
| Münster | Chemisches Institut U | 1 | — | 13 | — |
| Rostock | Chemisches Institut U | 9 | — | 9 | — |
| Straßburg | Chemisches Institut U | — | — | 6 | — |
| Stuttgart | Laboratorum für allgemeine Chemie T | — | 2 | — | 19 |
| Tübingen | Universitäts-Laboratorium U | 4 | — | 6 | — |
| Würzburg | Chemisches Institut U | 4 | — | 6 | — |
| Würzburg | Pharmazeutisches Institut U | 1 | — | 2 | — |
| | insgesamt | 152 | 68 | 198 | 163 |

Es sind ausgestellt worden:

| | | |
|---|---|---|
| bis Sommersemester 1905 | 3795 | Verbandszeugnisse,[1]) |
| im Sommersemester 1905 | 259 | Verbandszeugnisse, hiervon 166 an 20 Universitäten, 93 an 9 Technischen Hochschulen, |
| im Wintersemester 1905/06 | 274 | Verbandszeugnisse, hiervon 181 an 21 Universitäten, 93 an 9 Technischen Hochschulen, |
| im Sommersemester 1906 | 220 | Verbandszeugnisse, hiervon 152 an 20 Universitäten, 68 an 8 Technischen Hochschulen, |
| im Wintersemester 1906/07 | 361 | Verbandszeugnisse, hiervon 198 an 21 Universitäten, 198 an 9 Technischen Hochschulen. |
| bisher insgesamt ausgestellt | 4909 | Verbandszeugnisse. |

*) U bedeutet Universität, T Technische Hochschule.

[1]) Diese Zahl ist um 5 korrigiert; s. die Berichtigungen unter b und c auf Seite 2.

G

# Register der Ergänzungszeugnisse

zu den Zeugnissen

# des Verbandes der Vorstände chemischer Laboratorien an deutschen Hochschulen

**für Sommer-Semester 1906 und Winter-Semester 1906/7.**

## Landw.-technol. Institut der Universität Breslau.

| Nummer des Zeugnisses | Vorname | Zuname | Geburtsort | Datum der Ausfertigung | Examinatoren | Prüfungsgegenstand |
|---|---|---|---|---|---|---|
| W.-S. 06/07 | | | | | | |
| 5008 | Hermann Leo | Wilde | Heydekrug | 14/3. 07 | F. B. Ahrens | Chem. Technologie |

## Physikalisch-chemisches Laboratorium der Universität Giessen.

| Nummer des Zeugnisses | Vorname | Zuname | Geburtsort | Datum der Ausfertigung | Examinatoren | Prüfungsgegenstand |
|---|---|---|---|---|---|---|
| S.-S. 06 | | | | | | |
| 2759 | Maximilian | Stolaroff | Moskau | 1./6. 06 | Elbs | Elektrochemie |

## Mineralog. und Geolog. Institut der Universität Jena.

| Nummer des Zeugnisses | Vorname | Zuname | Geburtsort | Datum der Ausfertigung | Examinatoren | Prüfungsgegenstand |
|---|---|---|---|---|---|---|
| S.-S. 06 | | | | | | |
| 2992 | Erich | Netz | Jena | 1./3. 06 | Linck | Mineralogie |
| 3275 | Karl | Ritter | Hohenelbe | 11./7. 06 | Linck | Mineralogie |
| 2236 | Kenneth | Fisher | Timperley | 31./7. 06 | Linck | Mineralogie |
| W.-S. 06/07 | | | | | | |
| 2232 | Paul | Voiges | Wiesbaden | 7./3. 07 | Linck | Mineralogie |
| 4635 | Erich | Seyfferth | Leipzig | 12./3. 07 | Linck | Mineralogie |

## Phys.-chem. Institut der Universität Leipzig.

| Nummer des Zeugnisses | Vorname | Zuname | Geburtsort | Datum der Ausfertigung | Examinatoren | Prüfungsgegenstand |
|---|---|---|---|---|---|---|
| S.-S. 06 | | | | | | |
| 3846 | Peter | Danckworth | Magdeburg-Sudenburg | 16./5. 06 | Ostwald | Physik. Chemie |
| 5162 | Morton | Masius | Egg. Harbor | 3./7. 06 | Ostwald | Physik. Chemie |
| 5165 | Georg | Wuppermann | Aachen | 3./7. 06 | Ostwald | Physik. Chemie |
| 4198 | Alfred | Genthe | Leipzig | 3./7. 06 | Ostwald | Physik. Chemie |
| 5168 | Frank | Mac Dougall | Maxville(Canada) | 3./7. 06 | Ostwald | Physik. Chemie |
| W.-S. 06/07 | | | | | | |
| 5793 | John Hughes | Davies | Merthyr Tydfil | 9./11. 06 | Le Blanc | Physik. Chemie |
| 5751 | Ernest S. | Grumell | London | 21./1. 07 | Le Blanc | Physik. Chemie |
| 5163 | Ehrhart | Mäkelt | Dresden | 7./2. 07 | Le Blanc | Physik. Chemie |
| 5167 | Johann | Scholz | Tscheitsch | 8./3. 07 | Le Blanc | Physik. Chemie |
| 2946 | Walter | Pollatz | Dresden | 26./4. 07 | Le Blanc | Physik. Chemie |

## Mineralogisches Institut der Universität München.

| Nummer des Zeugnisses | Vorname | Zuname | Geburtsort | Datum der Ausfertigung | Examinatoren | Prüfungsgegenstand |
|---|---|---|---|---|---|---|
| S.-S. 06 | | | | | | |
| 4036 | Johanna | Maas | Frankfurt a. M. | 27./4. 06 | Prof. P. Groth | Mineralogie und Krystallographie |
| 4072 | Franz | Rapp | Erfurt | 10./7. 06 | Prof. P. Groth | Mineralogie |
| 4073 | Georg | Ebert | Ansbach | 17./7. 06 | Prof. P. Groth | Mineralogie |
| 4012 | Arthur | Kron | Solingen | 17./7. 06 | Prof. P. Groth | Krystallographie |
| 4067 | Günther | Bugge | Godesberg | 17./7. 06 | Prof. P. Groth | Mineralogie |
| 4058 | Erwin | Brettauer | Frankfurt a. M. | 20./7. 06 | Prof. P. Groth | Mineralogie |
| 3523 | Paul | Sternberg | Mainz | 20./7. 06 | Prof. P. Groth | Mineralogie |
| 4071 | Leonhard | Rothlauf | München | 20./7. 06 | Prof. P. Groth | Mineralogie |
| 4057 | Rudolf | Seuffert | Erlangen | 20./7. 06 | Prof. P. Groth | Mineralogie |
| 4046 | Fritz | Hess | Mannheim | 24./7. 06 | Prof. P. Groth | Mineralogie |
| 4070 | Karl | Ott | Ansbach | 24./7. 06 | Prof. P. Groth | Mineralogie |
| 4076 | Hans | Schmidt | Waldhausen (Hannover) | 24./7. 06 | Prof. P. Groth | Mineralogie |
| W.-S. 06/07 | | | | | | |
| 4019 | Richard | Feibelmann | Kandel | 8./3. 07 | Prof. P. Groth | Krystallographie |
| 4046 | Fritz | Hess | Mannheim | 8./3. 07 | Prof. P. Groth | Krystallographie |
| 4081 | Heinrich | Kirmreuther | Hof | 8./3. 07 | Prof. P. Groth | Mineralogie und Krystallographie |
| 4082 | Heinrich | Schneider | München | 8./3. 07 | Prof. P. Groth | Mineralogie und Krystallographie |
| 4020 | Fritz | Leuchs | Nürnberg | 13./3. 07 | Prof. P. Groth | Krystallographie |

# H

# Liste der Doktordissertationen

des

## Verbandes der Laboratoriumsvorstände an deutschen Hochschulen

**für Sommer-Semester 1906 und Winter-Semester 1906|6.**

An Stelle der Zeugnisnummer befindet sich der Vermerk: fehlt, wenn der Kandidat die Verbandsprüfung nicht abgelegt hat. In den meisten Fällen hat der Kandidat aber eine gleich- oder höherwertige Fachprüfung absolviert (z. B. die Diplomprüfung). Dies ist dann unter der Rubrik Vorbildung (z. B. durch D.) angegeben. Wenn der Kandidat die Verbandsprüfung abgelegt hat und wenn nur die Nummer des Zeugnisses fehlt, ist dies durch Punkte angedeutet. Ein Strich befindet sich dort, wo die entsprechende Auskunft nicht zu erlangen war und wo es daher nicht feststeht, ob der Kandidat die Verbandsprüfung nicht abgelegt hat oder ob nur die Nummer des Zeugnisses nicht bekannt ist.

## Technische Hochschule Aachen.

| Laufende No. | Name des Promovierten | No. des Verbands-zeugnisses | Vorbildung | Titel der Dissertation | Bezeichnung des Laboratoriums | Name des Dozenten, welcher die Arbeit geleitet hat | Ort der Promotion ev. Fehlanzeige |
|---|---|---|---|---|---|---|---|
| 1 | **J. Weiwers** aus Luxemburg | fehlt. | R.-G. Ab. Dipl.-Ing. | Über den unvergärbaren Zucker im Wein | Organisches Lab. der Technisch. Hochschule Aachen | Bredt | Aachen |

## Universität Berlin.

| Laufende No. | Name des Promovierten | No. des Verbands-zeugnisses | Vorbildung | Titel der Dissertation | Bezeichnung des Laboratoriums | Name des Dozenten, welcher die Arbeit geleitet hat | Ort der Promotion ev. Fehlanzeige |
|---|---|---|---|---|---|---|---|
| 1 | **Carl Nielsen** | 4170 | R.-G. | Über Mischungen von flüssigem Sauerstoff und Stickstoff. | I. Chem. Univ.-Lab. | A. Stock | Berlin |
| 2 | **Fritz Quade** | 3829 | G. | Synthesen in der Phenanthrenreihe. | | R. Pschorr | |
| 3 | **Julius Schenkel** | 1876 | O.-R.-Sch. | Über einige Polypeptide der α-Aminoisovaleriansäure. | | E. Fischer | |
| 4 | **Paul Alsleben** | 4164 | R.-G. | Über Kondensationen von Nitrosoverbindungen in der Pyrazolreihe. | | F. Sachs | |
| 5 | **Erich Beccard** | 4156 | O.-R.-Sch. | Über Versuche zur synthetischen Verwertung acylierter Allylamine. | | O. Diels | |

| | | | | | | | |
|---|---|---|---|---|---|---|---|
| 6 | Franz Gomolka | 4931 | G. | Beiträge zur Kenntnis der Antimonwasserstoffzersetzung | I. Chem. Univ.-Lab. | A. Stock | Berlin |
| 7 | Bertram Wolf | 4006 | O.-R.-Sch. Ab. | I. Kohlensuboxyd : $C_3O_2$. II. Zur Kenntnis diacylierter Aniline. | | O. Diels | |
| 8 | Paul Blank | 4162 | O.-R.-Sch. | Über einige racemische Polypeptide, Derivate des Phenylalanins. | | E. Fischer | |
| 9 | Hans Heynemann | 4155 | G. | Über die Zersetzung des Antimonwasserstoffs. | | A. Stock | |
| 10 | Hermann Kantorowicz | 4004 | G. Ab. | Über parasubstituierte Orthonitrobenzaldehyde. | | F. Sachs | |
| 11 | Hermann Kast | 4183 | O.-R.-Sch. | Über Derivate des 5-Benzylpyrimidins. | | S. Gabriel | |
| 12 | Jules Max | fehlt | Bach. ès-sc. | Über Chloride der Acylaminosäuren. | | E. Fischer | |
| 13 | Bruno Mylo | 4944 | R.-G. | Über Amide von Aminosäuren. | | Königs | |
| 14 | Joan Popovici | 4167 | G. | Synthese des 8-Brom-3.4-Dimethoxyphenanthrens. | | R. Pschorr | |
| 15 | Karl Rosenmund | 4932 | G. | Synthesen in der Diphenylmethan- und Xanthon-Reihe. | | O. Diels | |
| 16 | Hugo Stein | 3776 | O.-R.-Sch. | Über die Konstitution des trimolekularen Benzoylcyanids. | | O. Diels | |
| 17 | Carl Massenez | 4032 | G. Ab. | Über die Darstellung von Ozon durch Elektrolyse. | | F. Fischer | |
| 18 | Wilhelm Haas | 3121 | O.-R.-Sch. | I. Über eine neue Darstellungsweise der Salze quaternärer Basen. II. Spaltung des Thebains durch Benzoylchlorid. | | R. Pschorr | |
| 19 | Hans Küchler | 3810 | R.-G. | Über J. Thomsens vermeintliche Darstellung des Kohlenmonosulfides CS. Versuche zur Darstellung von Thiophosphorsäuren. | | A. Stock | |
| 20 | Max Stern | 4177 | G. | Versuche zur Kondensation des Diacetyls mit Säureestern. | | O. Diels | |
| 21 | Walther Karo | 4163 | G. | I. Das N-Methyl-$\beta$-Naphtindol und seine Hydrierung. II. Zur Konstitution des Apomorphins. | | R. Pschorr | |
| 22 | Colin Ernst Mc. Kenzie | 4131 | R.-G. | Abbau und Synthese des Buccocamphers. (Diosphenol). | | F. W. Semmler | |

## Universität Berlin. Fortsetzung.

| Laufende No. | Name des Promovierten | No. des Verbands-zeugnisses | Vorbildung | Titel der Dissertation | Bezeichnung des Laboratoriums | Name des Dozenten, welcher die Arbeit geleitet hat | Ort der Promotion ev. Fehlanzeige |
|---|---|---|---|---|---|---|---|
| 23 | Fritz Braehmer | 4185 | G. | Beiträge zur Bildung des Ozons durch ultraviolettes Licht und hohe Temperatur. | I. Chem-Univ.-Lab. | F. Fischer | Berlin |
| 24 | Mario Craveri | 2574 | G. Ab. | Zur Kenntnis der Reaktionen saurer Methylengruppen mit 1—2 Naphtochinon-4-sulfosäure. | | F. Sachs | |
| 25 | Leo Kristeller | 4184 | R.-G. | Über einige Derivate des Propionylpropionsäureesters. | | O. Emmerling | |
| 26 | Friedrich Herschmann | 4933 | G. | Zur Frage nach der Konstitution des Thebainons. | | R. Pschorr | |
| 27 | Theodore Johnson | 3825 | G. mod. Paris. | Synthese von Polypeptiden. Derivate der Glutaminsäure. | | E. Fischer | |
| 28 | Chaim Rimpel | 4188 | Höh.Gew.-Sch. | Synthese des $\Delta^{8(9)}$ p-Menthens und des optisch-aktiven $\Delta^{3.8(9)}$ Menthadiens. | | F. W. Semmler | |
| 29 | Wilhelm Scharfenberg | 4181 | G. | Beitrag zur quantitativen Bestimmung des Wismuths und seiner Trennung von anderen Metallen. Zur Kenntnis der Phosphorsulfide. | | A. Stock | |
| 30 | Walther Schoeller | 4941 | G. | Über die Spaltung von Phenylalanin in seine optisch-aktiven Komponenten mittels der Formylverbindung. Über die δ-Bromhydrozimmtsäure und zwei aktive Dipeptide. Derivate des l-Phenylalanin. | | E. Fischer | |
| 31 | Walther Schraut | 4937 | G. | Über das Verhalten einiger Diketopiperazine gegen Alkali. Darstellung von Tyrosyltyrosin und Tyrosilglycin. | | E. Fischer | |
| 32 | Wilhelm Manasse | 4180 | R.-G. | Über die Isomerie der Carbaethoxyl-glycyl-glycinester. | | H. Leuchs | |

| | | | | | | | |
|---|---|---|---|---|---|---|---|
| 33 | Hans Carl | 3272 | G. | Zerlegung der α-Bromisocapronsäure und der α-Bromhydrozimmtsäure in die optisch-aktiven Komponenten. | I. Chem. Univ.-Lab. | E. Fischer | Berlin |
| 34 | Arnold Schulze | 4950 | G. | Über einige optisch-aktive Polypeptide des Alanins. | | E. Fischer | |
| 35 | Arnold Hahn | 4938 | G. | Über die Einwirkung von Magnesiumhalogenalkylen auf Dicarbonsäureanhydride. | | J. Houben | |
| 36 | Max Lange | 4947 | O.-R.-Sch. | Über das (1)-Tolyl-s-phenyl-(4,5)-pyrazolindion. | | F. Sachs | |
| 37 | Erich Sasse | 4940 | O.-R.-Sch. | Zur Kenntnis der Oxdiazine. | | O. Diels | |
| 38 | Bruno Zaar | 4014 | R.-G. Ab. | Neue Kondensationen mit 1,2-Naphtochinon-4-Sulfosäure. | | F. Sachs | |
| 39 | Ernst Jacoby | 4264 | G. | I. Über Carboxaethylisocyanat und seine Verwendung als Reagens. II. Darstellung und Eigenschaften des Tetracetylschleimsäurechlorids. | | O. Diels | |
| 40 | Heinrich Pohl | 4537 | O.-R.-Sch. Ab. | Synthese von Carbithionsäuren. | | J. Houben | |
| 41 | Kurt Schädel | 4935 | R.-G. | Über die Einwirkung von Natriumamid auf Naphtalin und einige Substitutionsprodukte. | | F. Sachs | |
| 42 | Oskar Splettstösser | 4190 | G. | Über das δ-Chlor-γ-valerolacton und einige verwandte Körper. | | H. Leuchs | |
| 1 | Paul Joachim | 2931 | G. | Beiträge zur Kenntnis der Beweglichkeit des Wasserstoffions in verdünnten Lösungen von Salzsäure in Wasser und wässrigem Alkohol. | Physikal.-Chemisch. Institut der Univ. | Jahn | Berlin |
| 2 | Hans Karplus | 4134 | G. | Beiträge zur Theorie der Löslichkeitsbeeinflussung. | | Jahn | |
| 3 | Arnold Eucken | 2239 | G. Ab. | Über den stationären Zustand zwischen polarisierten Wasserstoffelektroden. | | Nernst | |
| 4 | Richard Riken | 3853 | O.-R.-Sch. | Studien über Löslichkeitsbeeinflussung. | | Jahn | |

## Technische Hochschule Berlin-Charlottenburg.

| Laufende No. | Name des Promovierten | No. des Verbands-zeugnisses | Vorbildung | Titel der Dissertation | Bezeichnung des Laboratoriums | Name des Dozenten, welcher die Arbeit geleitet hat | Ort der Promotion ev. Fehlanzeige |
|---|---|---|---|---|---|---|---|
| 1 | **Aurel v. Bartal** | 2251 | G. | Über Kohlenoxybromid. | Anorgan. Labor. | Erdmann | Budapest |
| 2 | **Fried. Wirth** | 5186 | R. G. abs. | Zur Kenntnis der seltenen Erden. | Anorgan. Labor. | H. Erdmann | Univ. Halle |
| 1 | **Werner Brauen** | 3773 | O.-R.-Sch. Ab. | Über p-substituierte Phtaline und deren Derivate. | | C. Liebermann | |
| 2 | **Eric Mermod** | 4505 | G. Ab. | Einwirkung des Grignard'schen Reagenses auf o-Aldehydosäuren. | | H. Simonis | |
| 3 | **Heinrich Jessen** | 3527 | R.-Sch. | Über einige neue Derivate der $\alpha$-Truxillsäuren und über ihren Vergleich mit der $\beta, \gamma$-Diphenyladipinsäure. | Organ. Labor. | C. Liebermann | Univ. Berlin |
| 4 | **Hans Dienel** | 3208 | R.-G. | Über $\alpha$-Anthracenderivate und das 1,4-Anthrachinon. | | C. Liebermann | |
| 5 | **Kasimir Celichowski** | 2462 | G. Ab. | Über $\beta$-Methyläskuletin und Äskuletin $\beta$-Karbonsäure. | | C. Liebermann | Techn. Hochschule Berlin |
| 6 | **Emil Marben** | 3953 | G. Ab. | Über die Struktur aliphatischer $\gamma$-Aldehydocarbonsäuren. | | H. Simonis | Univ. Berlin |
| 1 | **Fritz Ratig** | 3598 | R.-G. | Beiträge zur Alkalichlorid-Elektrolyse in wässeriger Lösung. | | | Univ. Berlin |
| 2 | **Friedrich Balla** | 3530 | R.-G. | Über elektrolytische Oxydation des Hydrazins, Hydroxylamins und Ammoniaks. | | | |
| 3 | **Julius Müller** | 1443 | G. | Beiträge zur Kenntnis der Metaphosphate. | Elektrochem. Labor. | v. Knorre | Techn. Hochschule Berlin |
| 4 | **Erich Francke** | 4702 | G. | Zur Kenntnis der Oxydation des Hydrazins und Hydroxylamins. | | | Univ. Berlin |
| 1 | **Albert Stein** | fehlt [1] | G. | Über Diphenylendioxyd. | | | |
| 2 | **Rudolf Maag** | fehlt [1] | G. | Überführung von Acridonderivaten in Acridine. | Techn.-chem. Inst. d. Techn. Hochschule Prof. Witt | Prof. Dr. F. Ullmann | Zürich |
| 3 | **Emil Kuhn** | fehlt [1] | G. | Studien über die 2,6-Dinitrochlorbenzol-4-sulfosäure. | | | |

[1]) Die Kanditaten haben das Diplom des Eidgen. Polytechnikums Zürich.

## Landwirtschaftliche Hochschule Berlin.

| | | | | | | | |
|---|---|---|---|---|---|---|---|
| 1 | Rufus Gaunt | 960 | B. S. | Über die Oxydase der Essig-Bakterien. | Landw. Hochsch. | Buchner | Univ. Berlin |
| 2 | Friedrich Heim | 959 | O.-R.-Sch. Ab. | Über das Verhalten des Phenylnitroäthylens und 7-Nitrostilbens gegen Alkali. | Landw. Hochsch. | Meisenheimer | Univ. Berlin |
| 3 | Moses Schwarz | 4991 | 7 Kl. R.-Sch. abs. | Reaktionen aliphatischer Polynitroverbindungen. | Landw. Hochsch. | Meisenheimer | Univ. Berlin |

## Universität Bonn.

| | | | | | | | |
|---|---|---|---|---|---|---|---|
| 1 | Georg Rösing | 2824 | O.-R.-Sch. Ab. | Über acidylierte Anilinosulfosäuren und deren Umwandlungsprodukte. (Ein Beitrag zur Theorie des Färbens.) | Chemisches Inst. | Georg Schroeter | Bonn |
| 2 | Gustav Herzberg | 1619 | G. Ab. | Über den Aufbau der homologen Alkylidendisulfosäuren aus Methionsäure. | Chemisches Inst. | Georg Schroeter | Bonn |
| 3 | Friedr. Wülfing | 2845 | G. Ab. | Über die Synthese $\beta$-alkylierter Zimmtsäuren und Umwandlungsprodukte. | Chemisches Inst. | Georg Schroeter | Bonn |
| 4 | Wilhelm Otto Profitlich | 3666 | O.-R.-Sch. Ab. | Beiträge zur Kenntnis der Arylhydrazinverbindungen der Dioxobernsteinsäure und ihrer Ester. | Chemisches Inst. | R. Anschütz | Bonn |
| 5 | Karl Neizert | 3872 | G. Ab. | Über die Beständigkeit komplexer Molybdaen- und Wolframverbindungen in wässrigen Lösungen. | Chemisches Inst. | E. Rimbach | Bonn |
| 6 | Julius Rath | 2843 | R.-G. Ab. | Über die hydrolytische Spaltung acetylierter Oxycarbonsäuren. | Chemisches Inst. | R. Anschütz | Bonn |
| 7 | Otto Julius Sieplein | 4535 | B. S. u. M. S. | Beiträge zur Kenntnis der Mesaconalkylestersäuren und verwandter Mesaconsäureabkömmlinge. | Chemisches Inst. | R. Anschütz | Bonn |
| 8 | Robert Whytlaw Gray | fehlt[1]) | St. Pauls School London. | Über das Atomgewicht des Stickstoffs. | Chemisches Inst. | William Ramsay | Bonn |

[1]) Hatte die Arbeit in London begonnen.

## Technische Hochschule Braunschweig.

| Laufende No. | Name des Promovierten | No. des Verbandszeugnisses | Vorbildung | Titel der Dissertation | Bezeichnung des Laboratoriums | Name des Dozenten, welcher die Arbeit geleitet hat | Ort der Promotion ev. Fehlanzeige |
|---|---|---|---|---|---|---|---|
| 1 | HermannPfotenhauer | 2123 | G. Ab. | Studien in der Phtaleïngruppe. | Chem. Lab. | R. Meyer | Braunschweig |
| 2 | Hugo Schellhaass | — | Kgl. Bayr. Ind. Sch. Ab. | Die Rolle der Caro'schen Säure bei der elektrolytischen Bildung der Überschwefelsäure und ihrer Salze. | Chem. Lab. | Erich Müller | Braunschweig |
| 3 | Karl Marx | 2141 | O.-R.-Sch. abs. | Studien über die Tautomerie des Succinylchlorids. | Chem. Lab. | R. Meyer | Braunschweig |

## Universität Breslau.

| Laufende No. | Name des Promovierten | No. des Verbandszeugnisses | Vorbildung | Titel der Dissertation | Bezeichnung des Laboratoriums | Name des Dozenten, welcher die Arbeit geleitet hat | Ort der Promotion ev. Fehlanzeige |
|---|---|---|---|---|---|---|---|
| 1 | Anna Hamburger | 3186 | R.-G. Ab. | Über die festen Polyjodide der Alkalien. | Chemisches Inst. | Abegg | Breslau |
| 2 | Erich Schmidt | 3177 | O.-R.-Sch. Ab. | Über einige Derivate des Peri-Naphtalsäureanhydrids. | Chemisches Inst. | Ladenburg | Breslau |
| 3 | Martin Lewy | 4403 | R.-G. Ab. | Beispiele zum Verteilungssatz. | Chemisches Inst. | Herz | Breslau |
| 4 | Philipp Plöcker | 3940 | G. Ab. | Derivate des Picolyläthylalkins. | Chemisches Inst. | Ladenburg | Breslau |
| 5 | Herbert Grunert | 3184 | G. Ab. | Spaltung des Phenyl-α-Picolylalkins und über Dimethylpiperidin. | Chemisches Inst. | Ladenburg | Breslau |
| 6 | Alfred Grosse | 4407 | R.-G. Ab. | Derivate des α-Picolyl- und α-Lutidylalkins. | Chemisches Inst. | Ladenburg | Breslau |
| 1 | Reinhold Baumert | 4275 | O.-R.-Sch. | Azofarbstoffe der Pyridinreihe. | Landw. technol. Inst. | F. B. Ahrens | Breslau |
| 2 | Johannes Riemer | 3928 | G. | Ein Beitrag zur Kenntnis des hannoverschen Erdöls. | Landw. technol. Inst. | F. B. Ahrens | Breslau |

## Technische Hochschule Dresden.

| Laufende No. | Name des Promovierten | No. des Verbandszeugnisses | Vorbildung | Titel der Dissertation | Bezeichnung des Laboratoriums | Name des Dozenten, welcher die Arbeit geleitet hat | Ort der Promotion ev. Fehlanzeige |
|---|---|---|---|---|---|---|---|
| 1 | Georg Saring | fehlt | R.-G. Ab. Dipl.-Ing. | Versuche über den Aufschluß von Phosphaten durch Kieselsäure bei hohen Temperaturen. | Anorg.-chem. Lab. | W. Hempel | Dresden |
| 2 | Oscar Heymann | 1493 | R.-G. Ab. | Über den Kammerprozeß der Schwefelsäure und die Bestimmung von Stickoxydul in den Kammergasen. | Anorg.-chem. Lab. | W. Hempel | Dresden |

| | | | | | | | |
|---|---|---|---|---|---|---|---|
| 3 | Arthur Schwalbe | 3485 | G. Ab. | Über Ω-Sulfonsäuren und Ω-Cyanide aromatischer Amine. | Lab. f. Farbenchemie | H. Bucherer | Dresden |
| 4 | Franz Seyde | fehlt | R.-G. Ab. Dipl.-Ing. | Beiträge zur Kenntnis der Sulfitreaktion. | | | |
| 5 | Arthur Beyer | 4455 | G. Ab. | Über die elektroanalytische Trennung von Cadmium und Zink. | Elektrochem. Lab. | Fr. Förster | |
| 6 | Harry Lee | 4459 | G. Ab. | Über den Wasserstoffgehalt des Elektrolyteisens. | | | |
| 7 | Paul Verbeek | 4449 | H.-R.-Sch. Ab. | Beiträge zur Kenntnis der Darstellung des Schwefelkohlenstoffs. | Anorg.-chem. Lab. | W. Hempel | |
| 8 | Benno Saring | 5082 | G. Ab. | Versuche über eine Methode zur Bestimmung des Sauerstoffs in organischen Körpern und Zersetzung organischer Körper bei bestimmter konstanter Temperatur. | | | |
| 9 | Friedrich Naebe | 5087 | Gew.-Ak. Chemn. | Zur Kenntnis des Cyanurbromids. | Organ.-chem. Lab. | E. v. Meyer | |
| 10 | Friedrich Seidel | 5083 | R.-G. Ab. | Studien über den Zellulosedarstellungsprozeß und eine Methode zur Bestimmung des Reinheitsgrades von Zellulosen. | Anorg.-chem. Lab. | W. Hempel | |
| 11 | Camillo Irmscher | 3498 | R.-G. Ab. | Über Kondensationen von Dinitrilen mit ungesättigten Ketonen sowie Ketonsäureestern. | Organ.-chem. Lab. | E. v. Meyer | |
| 12 | Wilhelm Henning | 4457 | G. Ab. | Beitrag zur Kenntnis der tri- und dimolekularen Nitrile. | | | |
| 13 | Paul Rother | 5081 | R.-G. Ab. | Die Bestimmung der Aldehyde und Ketone zur Bewertung ätherischer Öle. | | | |
| 14 | Alfred Brunner | fehlt | Dipl.-Ing. (Zürich) | Über die elektrolytische Abscheidung von Metallen aus Cyanidlösungen, insbesondere von Silber und Cadmium. | Elektrochem. Lab. | Fr. Förster | Zürich (Univers.) |

# Universität Erlangen.

| Laufende No. | Name des Promovierten | No. des Verbands-zeugnisses | Vorbildung | Titel der Dissertation | Bezeichnung des Laboratoriums | Name des Dozenten, welcher die Arbeit geleitet hat | Ort der Promotion ev. Fehlanzeige |
|---|---|---|---|---|---|---|---|
| 1 | **Ludwig Leefhelm** | 3019 | Ap. Note I | Das Verhalten der Organomagnesiumverbindungen gegen Alkylidenbasen und Hydramide. | | Dr. Busch | |
| 2 | **Albrecht Krell** | 4239 | R.-G. | Studien über das Palladium. Das Atomgewicht des Palladiums. | | Dr. Gutbier | |
| 3 | **Fritz Römer** | 4234 | G. | Über die Spaltung der Oxazole und Imidazole. Reduktion von α-Benzildioxin. | | Dr. O. Fischer | |
| 4 | **Léon Janssen** | 4236 | G. | Über das Atomgewicht des Wismuths. | | Dr. Gutbier | |
| 5 | **Karl Arntz** | 4482 | G. | Über die Einwirkung von Hydroxylamin auf Isorosindon. | Chem. Lab. d. Univ. Erlangen. | Dr. O. Fischer | |
| 6 | **Wilhelm Hennis** | 4037 | R.-G. | Über die Reaktion zwischen Alkalisilikaten und Schwermetallen. | | Dr. Jordis | |
| 7 | **Wilhelm Rosenhaupt** | 4038 | R.-G. | Über die Einwirkung von Sauerstoff auf Metalle. Über das Verhalten von Metallsulfiden gegen Schwefelkohlenstoff. | | Dr. Jordis | Erlangen |
| 8 | **Johannes Reinhardt** | 4231 | G. | Zur Kenntnis der Reaktionsprodukte zwischen primären aromatischen Hydrazinen und Senfölen. | | Dr. Busch | |
| 9 | **Hermann Zwicker** | 4245 | G. | Studien über das Ruthenium. | | Dr. Gutbier | |
| 10 | **William Funk** | fehlt | G. Dipl.-Ing. | Metalltrennungen in der Schwefelammoniumgruppe. | Chem. Lab. d. Bergakad. zu Freiberg | Dr. O. Brunck | |
| 11 | **Karl Ruppenthal** | 3350 | Ap. Note I | Über zwei stereoisomere Oxime des Dypnons und Benzalacetophenons. | Chem. Lab. d. Univ Erlangen. | Dr. Henrich | |
| 12 | **Paul Roters** | 4233 | Ap. Note I | Beitrag zur Synthese des Lakmusfarbstoffs. Untersuchung einiger antiker Gläser und Bronzen. | | Dr. Henrich | |

## Universität Freiburg i. B.

| | | | | | | | |
|---|---|---|---|---|---|---|---|
| 1 | Otto Mahler | 4711 | O.-R.-Sch. Ab. | Über das chemische Verhalten von Dolomit und Kalkspath. | Univ.-Lab. (philos. Abt.) | Meigen | Freiburg i. B. |
| 2 | Friedrich Dannerth | 1441 | O.-R.-Sch. Ab. | Zur Kenntnis des 1-8-Naphtsultams. | | Gattermann | |
| 3 | Hermann Ohl | 2696 | O.-R.-Sch. Ab. | Über die Zersetzung der Chromsäure durch Wasserstoffsuperoxyd und die dabei entstehenden höheren Oxydationsprodukte. | | Riesenfeld | |
| 4 | Hans Klotzsch | 2297 | G. II b. Ap. (I) | Aldehydsynthesen in der Thiophen- und Benzolreihe. | | Gattermann | |
| 5 | Arthur v. Merscheidt-Hüllessem | 3575 | G. Ab. | Zur Kenntnis der 1-8-Naphtalinsulfosulfinsäure | | Meigen | |
| 6 | Albert Spreng | 4220 | G. Ab. | Über die Kohlehydrate der Hefe. | | Meigen | |
| 7 | Hans Schraube | 5399 | G. Ab. | Über aromatische Schwefelverbindungen. | | Gattermann | |
| 8 | Walter Kulenkampff | 4285 | G. Ab. | Zur Kenntnis aromatischer Schwefelverbindungen. | | Gattermann | |
| 9 | Karl Burkard | 2566 | G. Ab. | Zur Kenntnis der Derivate fettaromatischer und reinaromatischer Ketone mit mehrwertigem Jod. | | Willgerodt | |
| 10 | José de Seixas-Palma | 4227 | Lyc. Ab. | Geschwefelte Benzylderivate. Die Oxyde des Schwefelwasserstoffs. | | Fromm | |
| 11 | Konrad Fromherz | 4212 | G. Ab. | Über die Furol und Methylfurol liefernden Bestandteile der Lignocellulose nebst Beiträgen zur Kenntnis des Methylfurols. | | Meigen | |
| 12 | Karl Heusner | 4226 | G. Ab. | Über Derivate des p-Jodacetakilids und Jod-o-acettoluids mit mehrwertigem Jod und die Darstellung von jodhaltigen Chloracylaminen. | | Willgerodt. | |
| 13 | Paul Ziersch | 4230 | R.-G. Ab. | Thioderivate von 1-3-Diketonen. | | Fromm | |
| 14 | Paul Schick | 4223 | O.-R.-Sch. Ab. | Zur Kenntnis der aromatischen Merkaptane, insbesondere des Dithiobrenzkatechins. | | Gattermann | |
| 15 | Ludwig Gassner | 4228 | G. Ab. | Weitere Beiträge zur Kenntnis des kohlensauren Kalkes. | | Meigen | |

## Universität Freiburg i. B. Fortsetzung.

| Laufende No. | Name des Promovierten | No. des Verbands-zeugnisses | Vorbildung | Titel der Dissertation | Bezeichnung des Laboratoriums | Name des Dozenten, welcher die Arbeit geleitet hat | Ort der Promotion ev. Fehlanzeige |
|---|---|---|---|---|---|---|---|
| 16 | **Richard Kern** | 4229 | O.-R.-Sch. Ab. | Über den Austausch von Brom und Chlor in Chinolinderivaten. | Univ.-Lab. (philos. Abt.) | Howitz | Freiburg i. B. |
| 17 | **Walter Merkelbach** | 4216 | G. Ab. | Die chemische Zusammensetzung der Zellwände bei einigen Gefäßkryptogamen. | Univ.-Lab. (philos. Abt.) | Meigen | Freiburg i. B. |
| 18 | **William Kutsch** | 4716 | B. S. | Zur Kenntnis der überchromsauren Salze und ihrer Zersetzung in wäßriger Lösung. | Univ.-Lab. (philos. Abt.) | Riesenfeld | Freiburg i. B. |
| 19 | **Gustav Hilgenberg** | 3596 | G. Ab. | Über Derivate des 4,4'-Dijoddiphenyls mit mehrwertigem Jod. | Univ.-Lab. (philos. Abt.) | Willgerodt | Freiburg i. B. |
| 20 | **Boleslaw Drobner** | 5803 | G. Ab. | Über v-m-Jodxylol und Derivate desselben mit mehrwertigem Jod. | Univ.-Lab. (philos. Abt.) | Willgerodt | Freiburg i. B. |

## Universität Giessen.

| Laufende No. | Name des Promovierten | No. des Verbands-zeugnisses | Vorbildung | Titel der Dissertation | Bezeichnung des Laboratoriums | Name des Dozenten, welcher die Arbeit geleitet hat | Ort der Promotion ev. Fehlanzeige |
|---|---|---|---|---|---|---|---|
| 1 | **Ernst Lindenbaum** | 3863 | G. Ab. | Vanadinpentoxyd als Oxydationsbeschleuniger insbesondere für Zucker zu Oxalsäure durch Salpetersäure. | Chem. Univ.-Lab. | Alex. Naumann | Gießen |
| 2 | **Archibald Mc Kenzie** | 2922 | B.S.u.M.A. | Über wäßrige Lösungen gemischter Chloride. | Chem. Univ.-Lab. | Alex. Naumann | Gießen |
| 3 | **Ferdinand Bezold** | 2920 | R.-G. Ab. | Das Verhalten chemischer Verbindungen in Methylacetat. | Chem. Univ.-Lab. | Alex. Naumann | Gießen |
| 4 | **Ludwig Richard** | 2376 | R.-G. Ab. | Über die Einwirkung von Grignard-Lösungen auf organische Halogen-Ammonium-Verbindungen. | Chem. Lab. d. physik. Vereins zu Frankfurt a. M. | M. Freund | Gießen |
| 5 | **Hans Steiner** | 2912 | G. Ab. | Molekulargewichtsbestimmungen nach der Siedemethode und Leitfähigkeitsmessungen von Metallsalzen in Methylacetat. | Chem. Univ.-Lab. | Alex. Naumann | Gießen |
| 6 | **Emil Henninger** | 2918 | O.-R.-Sch. Ab. | Reaktionen von Metallsalzen in wasserfreiem Methylacetat. | Chem. Univ.-Lab. | Alex. Naumann | Gießen |

| | | | | | | | |
|---|---|---|---|---|---|---|---|
| 1 | Adolf Reise | 5174 | G. Ab. | Verwendung von Persulfaten in der Gewichtsanalyse. | Privatlaboratorium von Prof. Dr. Dittrich, Heidelberg u. Physik.-chem. Lab. Gießen | Prof. Dr. Dittrich | Gießen |
| 2 | Alfred Schneider | 2762 | G. Ab | Die elektrochemische Reduktion einiger Abkömmlinge des o-Toluol-Azo-m-Toluols. | Physik.-chem. Univ. Lab. | Elbs | |
| 3 | Hermann Lehr | 2910 | G. Ab. | Über die Einwirkung von Ammoniak auf Methyl-p-Tolylketon. | | Privatdozent Dr. Thomae | |
| 4 | Wassa Klein | 2917 | R-G. Ab. | m-Dichlor-p-Dioxytrichloräthan und seine Abkömmlinge. | | Elbs | |
| 5 | Engelbert Weinerth | 2758 | G. Ab. | Zur Kenntnis des Ana-Nitro-p-Chlorchinolins. | | Elbs | |
| 6 | Karl Dürrschnabel | — | O.-R.-Sch. Ab. | Über die Einwirkung von schwefliger Säure auf Farbstoffe verschiedener Klassen. | Laboratorium v. Dr. H. Weil, München, und Physik.-chem. Lab. Gießen | Dr H. Weil | |

## Universität Göttingen.

| | | | | | | | |
|---|---|---|---|---|---|---|---|
| 1 | Hermann Lautsch | 3902 | G. Ab. | Über Carvolin und Isomerien in der Limonenreihe. | Allgem. chem. Lab. Göttingen | Wallach | Göttingen |
| 2 | Gustav Kayser | 3095 | G. Ab. | Kondensationsprodukte des Malonsäureesters und Methylcyklohexanoncarbonsäureesters. | | Kötz | |
| 3 | Eduard Isaac | 3897 | G. Ab. | Über Methenverbindungen. | | Wallach | |
| 4 | Willy Müller | 2128 | O.-R.-Sch. Ab. | Beiträge zur Kenntnis des $\alpha$- und $\beta$-Phellandrens. | | Wallach | |
| 5 | Werner Lange | 3905 | G. Ab. | Über alicyclische Schwefelverbindungen. | | Borsche | |
| 6 | Albert Michels | 4580 | G. Ab. | Über $\mu$-Menthone. | | Kötz | |
| 7 | Carl Müller | 4577 | R.-G. Ab. | Zur Kenntnis der Spaltung von Imidchloriden und -bromiden und einen Versuch zur Synthese des Heptamethylenimins. | | von Braun | |

# Universität Göttingen. Fortsetzung.

| Laufende No. | Name des Promovierten | No. des Verbands-zeugnisses | Vorbildung | Titel der Dissertation | Bezeichnung des Laboratoriums | Name des Dozenten, welcher die Arbeit geleitet hat | Ort der Promotion ev. Fehlanzeige |
|---|---|---|---|---|---|---|---|
| 8 | Paul Schüler | 4579 | O.-R.-Sch. Ab. | Synthese des Bihydropulegenons und des α, γ-Dicyklopentanonacetessigesters. | | Kötz | |
| 9 | August Reclaire | 1590 | Hoch-Sch. Wageningen Ab. | Studien über die nitrierten aromatischen Hydrazine. | Allgem. chem. Lab. Göttingen | Borsche | Göttingen |
| 10 | William Goodwin | 1587 | B.-S. | Über Ketone der Terpenreihe. | | Wallach | |
| 11 | Martin Feise | 3792 | R.-G. Ab. | Über einige neue Abkömmlinge des Carbazols. | | Borsche | |
| 1 | Rudolf Vogel | 3903 | R.-G. | Über einige Metallverbindungen des Goldes. | | | Göttingen |
| 2 | Hendrik Eno Boeke | fehlt | R.-G. | De Meng Krystallen bij Natriumsulfat-Molybdat en -Wolframat. | Institut für anorg. Chemie | Tammann | Amsterdam |
| 3 | Champion Herbert Mathewson | 3991 | B. S. | Über die Legierungen des Natriums mit Sn, Pb, Al, Mg, Zn, Cd, Bi, und Sb. | | | Göttingen |
| 4 | Fritz Cremer | 3938 | G. | Chemische und metallographische Untersuchungen des Hartgusses. | Eisenhüttenmännisches Institut der Bergakad. in Berlin | H. Wedding | Göttingen |
| 1 | A. D. Maurenbrecher | 1588 | Rijkslandbouwschool in Wageningen | I. Untersuchungen einiger Pflanzenstoffe (Kakao, Tee, Bresk, Getah-Kenari). II. Über die Einwirkung von Diphenylhydrazin auf eine Reihe von Aldehyden. | | | |
| 2 | Hans Hofmann | 3538 | G. | I. Untersuchung über Pergamyn. II. Veränderungen des Zellstoffs durch Trocknung. | Agrik.-chem. Lab. d. Univ. Göttingen | B. Tollens | Göttingen |
| 3 | Willy Mayer | 3894 | O.-R.-Sch. | Über Fucose und Fucohexonsäure und die quantitative Bestimmung der Methylpentosane. | | | |

## Universität Greifswald.

| | | | | | | | |
|---|---|---|---|---|---|---|---|
| 1 | Max Hessenland | 2691 | Ap. I | Cyclische Ketone und ihre Umwandlung in Benzolderivate. | Chem. Inst. | K. Auwers | Greifswald |
| 2 | Arno Köckritz | 3494 | R.-G. | Über Alkylidendihydrobenzole und ihre Umwandlung in Benzolderivate. | | | |

## Universität Halle a. S.

| | | | | | | | |
|---|---|---|---|---|---|---|---|
| 1 | Egon Eichwald | 4017 | G. abs. | Addition von Säuren und Salzen an α β-ungesättigte Ketone. | | | Halle |
| 2 | Johannes Osterburg | 3777 | G. abs. | Additionsvorgänge bei α- ungesättigten Ketonen. | | | Halle |
| 3 | Max P. Neumann | 2682 | Ap. (I) | Zur Kenntnis der Aldehydreaktionen. | | Vorländer | Leipzig |
| 4 | Geoffroy Dodelston Hope | 4520 | B. S. | Über Hydroresorcinderivate. | Chem. Inst. d. Univ. | | |
| 5 | Peter Hausen | 4518 | O.-R.-Sch. abs. | Über flüssige kristallinische Substanzen. | | | Halle |
| 6 | Fred Bedford | fehlt | B. S. | Über die ungesättigten Säuren des Leinöls und ihre quantitative Reduktion zu Stearinsäure. | | E. Erdmann | |

## Technische Hochschule Hannover.

| | | | | | | | |
|---|---|---|---|---|---|---|---|
| 1 | Otto Hoebel | . . . . . | D. | Über Alkylderivate des Methyluracils. | | | |
| 2 | Gustav Denicke | . . . . . | D. | Über die Oxydation der Harnsäure bei Gegenwart von Ammoniak. | | | |
| 3 | Walter Kießling | 3592 | R. G. Ab. | Über die Kondensation von Acetessigester mit Phenylharnstoff. | Organ.-chem. Lab. | Behrend | Hannover |
| 4 | Emil Weitzner | . . . . . | D. | Versuche zur Synthese des α-Methyl-Allantoïns. | | | |

# Universität Heidelberg.

| Laufende No. | Name des Promovierten | No. des Verbands-zeugnisses | Vorbildung | Titel der Dissertation | Bezeichnung des Laboratoriums | Name des Dozenten, welcher die Arbeit geleitet hat | Ort der Promotion ev. Fehlanzeige |
|---|---|---|---|---|---|---|---|
| 1 | C. Don. Dyer | 3265 | Academy in Knoxville | Über Kaffeesäure und einige ihrer α-substituierten Derivate. | | Knövenagel | |
| 2 | Willy Gottschalk | 3249 | G. | Über die Verwendung des Ozons zur Ausführung quantitativer Analysen. | | Jannasch | |
| 3 | Friedrich Teltscher | 3251 | Staats-O.-R.-Sch. Wien. | Über die Einwirkung von Äther und Aluminiumchlorid auf m-Toluidin. | Univ.-Lab. | Jannasch | |
| 4 | Fritz Eisenlohr | 3254 | G. | Über Alkylidenmalonestersäuren. | | Knövenagel | |
| 5 | Johannes Keßler | 2315 | R.-G. | Zur Kenntnis der Äthylenoxyde. | | Klages | |
| 6 | Benjamin Burne | 3264 | B. A | Zur Kenntnis ungesättigter Fettsäuren. | | Knövenagel | |
| 7 | Otto Rießer | 4127 | G. | Zur Kenntnis der optischen Isomeren des Arginins und des Ornithins. | Physiolog. Inst. | Kossel | |
| 8 | Walter Fraenkel | 3740 | G. | Zur chemischen Kinetik des Diazoessigesters. | | Bredig | |
| 9 | Iwan Teletow | 4461 | R.-Sch. Petersburg | Katalytische Reaktionsgeschwindigkeit in heterogenen Systemen. | | Bredig | Heidelberg |
| 10 | Francis Potter | 4478 | B. A. | Über die Reduktion von Metamethoxybenzaldazin. | | Curtius | |
| 11 | M. David Lichty | 4466 | M. S. | Die chemische Kinetik der Zersetzung der Oxalsäure in konzentrierter Schwefelsäure. | Univ.-Lab. | Bredig | |
| 12 | Eberhard Heimann | 4370 | R.-G. | Über neue Metalltrennungen in einem Salzsäurestrome. Über die quantitative Verflüchtigung der Phosphorsäure aus ihren Salzen. | | Jannasch | |
| 13 | James Kenner | 4487 | B. S. | Über Friedel-Craftsche Synthesen mit Hilfe von schwefliger Säure in Gegenwart von Salzsäure. | | Knövenagel | |

| | | | | | | | |
|---|---|---|---|---|---|---|---|
| 14 | Saly Freund | 2978 | O.-R.-Sch. | Über quantitative Trennungen von Titan, Zirkonium und Thorium. | Privat-Lab. | Dittrich | Heidelberg |
| 15 | Albert Marck | 3267 | G. | Die Katalyse des Wasserstoffsuperoxyds durch kolloidales Mangandioxyd. | Univ.-Lab. | Bredig | Heidelberg |

## Universität Jena.

| | | | | | | | |
|---|---|---|---|---|---|---|---|
| 1 | Richard Ehrenstein | 2237 | Ap. (I) | Beiträge zur Aufklärung der Isomeriefrage beim Methylcyclohexenon und dessen Dicarbonsäureester. | Univ.-Lab. | Rabe | Jena |
| 2 | Rudolf Kneisel | 3279 | R.-G. | Polymerisation des $\gamma$-Chlor- und $\gamma$-Brompropylpiperidins. | Univ.-Lab. | Knorr | Jena |
| 3 | Erich Netz | 2992 | G. | Über das p-Brom-phenyl-methylpyrazolon und seine Derivate. | Univ.-Lab. | Knorr | Jena |
| 4 | Karl Ritter | 3275 | Ap. (I) | Zur Kenntnis des Cinchonins. | Univ.-Lab. | Rabe | Jena |
| 5 | Rudolf Zeine | 2226 | G. | Über Produkte der Einwirkung von Salpetersäure auf 1 Phenyl 3 methylpyrazolon. | Univ.-Lab. | Knorr | Jena |
| 6 | Werner Mecklenburg | 3877 | G. | Über die Einwirkung von Diazobenzolimid auf Substanzen mit Methylenbindungen. | Univ.-Lab. | Wolff | Jena |
| 7 | Kenneth Fisher | 2236 | B. A. (Oxford) | Die Umwandlungen der desmotropen Diacetbernsteinsäureester in Lösungen. | Univ.-Lab. | Knorr | Jena |
| 8 | Erich Seifferth | 4635 | R.-G. | Zur Kenntnis des 4-Methylpyrazols. | Univ.-Lab. | Knorr | Jena |
| 9 | Paul Voiges | 2232 | R.-G. | Über einige Aminoderivate der Pyrazolreihe. | Univ.-Lab. | Knorr | Jena |
| 10 | Otto Dittmer | 2994 | R. G. | Über Morphenol und seine Derivate. | Institut f. technische Chemie in Jena | Vongerichten | Jena |
| 11 | Otto Rammstedt | fehlt | Ap. (I) | Über die Wertbestimmungen narkotischer Drogen und ihrer Zubereitungen. | Inst. für Pharmazie u. Nahrungsmittelchemie in Jena. | Matthes | Jena |

## Technische Hochschule Karlsruhe.

| Laufende No. | Name des Promovierten | No. des Verbands-zeugnisses | Vorbildung | Titel der Dissertation | Bezeichnung des Laboratoriums | Name des Dozenten, welcher die Arbeit geleitet hat | Ort der Promotion ev. Fehlanzeige |
|---|---|---|---|---|---|---|---|
| 1 | **Erich Kleiner** | 5407 | G. Ab. | Kritische Untersuchungen über die Härtebestimmung im Wasser und zur Frage der Kesselspeisewasserreinigung. | Chem.-techn. Lab. | Bunte | Karlsruhe |
| 2 | **Kurt Liese** | 4107 | R.-G. Ab. | Über die Messung der Dichtigkeit vagabundierender Ströme im Erdreich. | Chem.-techn. Lab. | Haber | |
| 3 | **Franz Seeligmann** | 2799 | R.-G. Ab. | Beiträge zur Kenntnis der Polymerisation. | Chem. Lab. | Engler | |
| 4 | **Friedrich Henseling** | 1618 | G. Ab. | Über Methanbildung bei niederen Temperaturen. | Chem.-techn. Lab. | Bunte | |
| 5 | **Fritz Fleischmann** | 5404 | G. Ab. | Über die Knallgaskette bei hoher Temperatur. | Chem.-techn Lab. | Haber | |
| 6 | **Weikko Niiranen** | 5409 | Ab. des Finnisch. Lyceums zu Joensun | Über die analytische Bestimmung von Stickstoffoxyden und die Giltigkeit des Massenwirkungsgesetzes bei der Stickstoffverbrennung in der Hochspannungsflamme. | Physik.-chem Inst. | Le Blanc | |
| 7 | **Max Baechler** | 5758 | Kant.-Sch. Ab. | Über ein Oxydationsprodukt des Alizarins mit Ferricyankalium in alkalischer Lösung. | Chem. Lab | Scholl | |

## Universität Kiel.

| Laufende No. | Name des Promovierten | No. des Verbands-zeugnisses | Vorbildung | Titel der Dissertation | Bezeichnung des Laboratoriums | Name des Dozenten, welcher die Arbeit geleitet hat | Ort der Promotion ev. Fehlanzeige |
|---|---|---|---|---|---|---|---|
| 1 | **Paul Herms** | 4029 | R.-.G. | Über die Spaltung von Terephtalyldiacetessigester und einen Fall von Stereoisomerie. | Chem Univ.-Lab. Kiel | L. Berend | Kiel. |
| 2 | **Rudolf Schulze** | 3783 | G. abs. II a Ap. I | Zum Verhalten der Ketone $R—CH_2—CO—CH_3$ bei der Kondensation mit Säureestern. | Chem. Univ.-Lab. Kiel und I. Chem. Univ.-Lab. Berlin | L. Claisen | |

| | | | | | | | |
|---|---|---|---|---|---|---|---|
| 3 | Reinhard Feyerabend | 1717 | G. | Über einige Synthesen unter Anwendung von Natriumamid. | Chem. Univ.-Lab. Kiel | L. Claisen | Kiel. |
| 4 | Hans Brückner | 3746 | R.-G. | Zur Kenntnis $\alpha$-$\beta$-alkylierter (sekundärer) Hydroxylamine und des Verhaltens ihrer Nitrosokörper bei der Reduktion. | | C. Harries | |
| 5 | Otto Beyer | 3794 | O.-R.-Sch. | Über die Identität des Carbacetessigesters mit Isodehydracetsäureester. | | F. Feist | |
| 6 | Carl Thieme | 4158 | G. | Über die Einwirkung des Ozons auf Säuren der Ölsäurereihe und auf Stearolsäure. | | C. Harries | |
| 7 | Walter Freund | 2906 | R.-G. | Zur Kenntnis der Kondensation von Alkoholen mit Isochinolin. | | L. Rügheimer | |
| 8 | Arthur Soergel | 3400 | R.-G. | I. Beiträge zur Kenntnis der Einwirkungsprodukte aromatischer Amine auf Chloral<br>II. Einige neue Morphinderivate. | | L. Rügheimer | |
| 9 | Hans Gutmann | 3977 | R.-G. | Zur Kenntnis der $\alpha$, $\beta$-ungesättigten Ketone. Über das Äthylglyoxal und das Propylglyoxal. | | C. Harries | |
| 10 | Gerhard Meyer | 3796 | R.-G. | Zur Kenntnis der Kondensationsvorgänge beim Salicylaldehyd. | | C. Harries | |
| 11 | Paul Temme | 4856 | O.-R.-Sch. | Über das Glyoxal. | | C. Harries | |
| 12 | Paul Horrmann | 3785 | O.-R.-Sch. Ap. I | Über die Einwirkung von Semicarbazid, Harnstoff und substituierten Harnstoffen auf aliphatische und aromatische Ketonalkohole und $\alpha$-Diketone. | | H. Biltz | |

## Universität Leipzig.

| | | | | | | | |
|---|---|---|---|---|---|---|---|
| 1 | Ernst Müller | 2355 | G. abs I a | Die innere Reibung als Hilfsmittel zum Nachweis desmotroper Formen. | Chem. Lab. d. Univ Leipzig | Stobbe | Leipzig |
| 2 | Robert Georgi | 3749 | G. | Beiträge zur Kenntnis semicyclischer 1-5-Diketone. | | Stobbe | |
| 3 | Oskar Dennstorff | 3743 | G. | Über die Anlagerung von Halogenen und Perhalogenwasserstoff an Sauerstoffverbindungen | | Hantzsch. | |

## Universität Leipzig. Fortsetzung.

| Laufende No. | Name des Promovierten | No. des Verbands-zeugnisses | Vorbildung | Titel der Dissertation | Bezeichnung des Laboratoriums | Name des Dozenten, welcher die Arbeit geleitet hat | Ort der Promotion ev. Fehlanzeige |
|---|---|---|---|---|---|---|---|
| 4 | **Alexander Schwyzer** | 3735 | R.-G. | Über semicyclische 1-5-Diketone und bicyclische Ketonalkohole. | Chem. Lab. d. Univ. Leipzig | Stobbe | Leipzig |
| 5 | **Rudolf Hennicke** | 3747 | R.-G. | Über α-δ-Bisdiphenylenfulgide und ihr Verhalten gegen Licht und Wärme. | | Stobbe | |
| 6 | **Friedrich Thomas** | 3982 | G. | Über Mercuriverbindungen von Oximidokörpern. | | Ley | |
| 7 | **Theodor Badenhausen** | 3971 | R.-G. | Über Farbe, Fluorescenz, Phototropie und einige Synthesen der Fulgide. | | Stobbe | |
| 8 | **Arthur H. Salway** | 4619 | B. S. | Über farbige Salze aus farblosen Dinitrokörpern. | | Hantzsch | |
| 9 | **Kenneth S. Caldwell** | 4618 | B S. | Über den Zustand von Elektrolyten in Pyridin und anderen Lösungsmitteln. | | Hantzsch | |
| 10 | **Peter Krafft** | 3739 | R.-G. | Über Tautomerie bei Amidinen. Über abnorme Kupfersalze und Fluorescenzerscheinungen bei Oxyamidinen. | | Ley | |
| 11 | **Arthur Zitscher** | 2657 | R.-G. | Ungesättigte Dicarbonsäuren aus cyclischen Ketonen und Bernsteinsäureester. | | Stobbe | |
| 12 | **Harold Hibbert** | 4620 | M. S. | Über Additionsprodukte von Trialkyl-Phosphinen, Arsinen und Stibinen. | | Hantzsch | |
| 13 | **Otto Erler** | 3981 | R.-G. | Über Salz- und Komplexbildung bei Phenolsäuren. | | Ley | |
| 14 | **Carl Wolgast** | 3744 | R.-G. | Zur Kenntnis der Cyansäure; zur Kinetik der Reaktion zwischen Natrium und Säuren in indifferenter Lösung. | | Hantzsch | |
| 15 | **Walter Schäfer** | 3750 | G. | Zur Konstitution der Polymerisationsprodukte des Dicarboxylglutaconsäureesters | | Guthzeit | |
| 16 | **Karl Scholtze** | 210 | Ind. Sch. | Zur Kenntnis des sogen. Nitrosourethans. Über farbige und farblose Modifikationen von Silbersalzen der Halogenphenole. | | Hantzsch | |

| | | | | | | | |
|---|---|---|---|---|---|---|---|
| 17 | Arthur Rosenburg | 3311 | R.-G. | Beiträge zur Kenntnis der semicyclischen 1-5 Diketone. | Chem. Lab. d. Univ. Leipzig | Stobbe | Leipzig |
| 1 | Colin G. Fink | 4199 | B. A. | Die Kinetik der Kontaktschwefelsäure. | Physik.-chem. Inst. | Bodenstein | Leipzig |
| 2 | Gregor Losev | 4203 | Geistlich. Sem. | Über die Adsorption von Farbstoffen durch Kohle und Fasern. (Ein Beitrag zur Färbetheorie.) | Physik.-chem. Inst. | Freundlich | Leipzig |
| 3 | Alfred Genthe | 4198 | R.-G. Ab. | Beiträge zur Kenntnis des Leinöltrockenprozesses. | Physik.-chem. Inst. | Ostwald | Leipzig |
| 4 | Th. Francis Rutter | 4208 | B. S. | Die katalytischen Eigenschaften des Vanadins. | Physik.-chem. Inst. | Luther | Leipzig |
| 1 | Werner Gabel | 4286 | G. IIa, Ap. I. | Studien über Molekulargrößen. | Lab. f. angew. Chem. | E. Beckmann | Leipzig |
| 2 | Peter Danckwortt | 3846 | G. Ab., Ap. I. | Kryoskopische Wertbestimmung von Drogen. | Lab. f. angew. Chem. | E. Beckmann | Leipzig |
| 3 | Hans Netscher | 3039 | R.-G. Ab. | Beiträge zur Kenntnis der Oximidoverbindungen. | Lab. f. angew. Chem. | K. Beck | Leipzig |
| 4 | Hubert Wolf | 3847 | G. Ab. | Über Einwirkung N-substituierter Hydroxylamine auf Ketone. | Lab. f. angew. Chem. | J. Scheiber | Leipzig |
| 5 | Paul Hase | 4291 | R.-G. IIa, Ap. I. | Über neue Reaktionen der Aldoxime. | Lab. f. angew. Chem. | K. Beck | Leipzig |
| 6 | Hermann Keßler | 2097 | R.-G. Ab. | Über eine neue quantitative Bestimmung des Fluors in Fluoriden und Untersuchungen von Verbindungen des Eisens mit Fluorwasserstoffsäure. | Lab. f. angew. Chem. | E. Deußen | Leipzig |
| 7 | Hanns Fleischmann | 4287 | R.-G. Ab. | Über die beiden Modifikationen des N-Methylbenzaldoxims und über Versuche zur Spaltung von N-Äthern in optisch aktive Komponenten. | Lab. f. angew. Chem. | J. Scheiber | Leipzig |
| 8 | Alfred Eckardt | 5104 | G. Ab. Ap. I. | Über Reaktionen und Bestimmungsmethoden von Arsenwasserstoff. | Lab. f. angew. Chem. | H. Reckleben | Leipzig |
| 9 | Paul Beckmann | 4024 | O.-R.-Sch. Ab. | Zur Kenntnis der Occlusion und Diffusion von Gasen durch Metalle. | Lab. f. angew. Chem. | A. Sieverts | Leipzig |
| 1 | Hugo Kirbach | 2395 | G. | Zur Kenntnis der allmählichen Hydrolyse des Pferdeoxyhaemoglobins. | Chem. Lab d. physiologischen Inst. | M. Siegfried | Leipzig |

## Universität Leipzig. Fortsetzung.

| Laufende No. | Name des Promovierten | No. des Verbandszeugnisses | Vorbildung | Titel der Dissertation | Bezeichnung des Laboratoriums | Name des Dozenten, welcher die Arbeit geleitet hat | Ort der Promotion ev. Fehlanzeige |
|---|---|---|---|---|---|---|---|
| 2 | Hubertus Geide | 2392 | G. abs IIa (Primar.) | Zur Kenntnis der Hydrolyse des Fibrins | Chem. Lab. d. physiologischen Inst. | M. Siegfried | Leipzig |
| 3 | Oskar Pilz | 2394 | R.-G. | Über die allmähliche Hydrolyse des Glutins. | Chem. Lab. d. physiologischen Inst. | M. Siegfried | Leipzig |

## Universität Marburg.

| Laufende No. | Name des Promovierten | No. des Verbandszeugnisses | Vorbildung | Titel der Dissertation | Bezeichnung des Laboratoriums | Name des Dozenten, welcher die Arbeit geleitet hat | Ort der Promotion ev. Fehlanzeige |
|---|---|---|---|---|---|---|---|
| 1 | E. Wugk | 966 | R.-G. Reifez. | Über die Einwirkung von Brom und von Salpetersäure auf Oxyderivate des Tri- und Tetraphenylmethans. | Chem. Inst. | Zincke | Marburg |
| 2 | V. Falke | 2363 | G. Reifez. | Über Chlor- und Bromderivate des 1- 3- 4-Xylenols. | Chem. Inst. | Zincke | Marburg |
| 3 | W. Tropp | 3908 | O.-R -Sch. Reifez | Über Dichinole des Phenanthrens und ihre Umwandlungsprodukte. | Chem. Inst. | Zincke | Marburg |
| 4 | R. Suhl | 3477 | O.-R.-Sch. Reifez. | Beiträge zur Kenntnis des p-Kresols und seiner Derivate. | Chem. Inst. | Zincke | Marburg |
| 5 | Fr. Schreyer | 3855 | O.-R.-Sch. Reifez. | Über Arylaminderivate des Glutacon- und Oxyglutaconaldehyds. | Chem. Inst. | Zincke | Marburg |
| 6 | Fr. Schwabe | 3854 | R.-G. Reifez. | Über die Einwirkung von magnesiumorganischen Verbindungen auf Chinole und auf Methyltrichlormethylketodihydrobenzol. | Chem. Inst. | Zincke | Marburg |
| 7 | W. Broeg | 3287 | R.-G. Reifez. | Über Ketochloride des m-Oxybenzaldehyds. | Chem. Inst. | Zincke | Marburg |
| 8 | C. v. Hohhorst | 1095 | G. Reifez. | Über Pseudocumenol 5 Carbinol. | Chem. Inst. | Zincke | Marburg |
| 9 | H. Seemiller | 5064 | O.-R.-Sch Reifez. | Die Reduktionsprozesse im Eisenhochofen. | Chem. Inst. | Dr. Schenk | Marburg |

| | | | | | | | |
|---|---|---|---|---|---|---|---|
| 10 | W. Raßbach | 5065 | O.-R.-Sch. Reifez. | Über die Reaktionen des Schwefelbleis mit Bleioxyd und Bleisulfat. | | Dr. Schenck | |
| 11 | Dr. E. Scharff | 3852 | G. Reifez. | Über das Leuchten des Phosphors und einige seiner Verbindungen. | Chem. Inst. | | |
| 12 | A. Glahn | 3857 | R.-G. Reifez. | Über Halogenderivate von Arylaminen. | | Dr. Fries | |
| 13 | H. Müller | 3284 | G. Reifez | Über Hexachlor- m-Oxybenzoësäure. | | Zincke | Marburg |
| 1 | Hermann Emde | 4595 | G. Ab. | Über Ephedrin und Pseudoephedrin, sowie über Versuche zu deren Synthese. | | E. Schmidt | |
| 2 | Johann Mielck | 3729 | G. Ab. | Über Titrationen mit Alkalihypojodit. | Pharm.-chem. Inst. | E. Rupp | |
| 3 | Maximilian Horn | 4981 | G. Ab. | Über neue jodometrische Bestimmungen einiger Anionen und Kationen. | | E. Rupp | |

## Universität München.

| | | | | | | | |
|---|---|---|---|---|---|---|---|
| 1 | Rudolf Pummerer | 3060 | G. | Über Pyron. | | Willstätter | |
| 2 | Wilhelm Ducca | 3055 | R.-G. | Über lumineszierende Stoffe und die Radioaktivität des Urans. | | Hofmann | |
| 3 | Karl Lüdecke | 3044 | R.-G. | Zur Kenntnis der Glyzerinphosphorsäure und des Lecithins. | | Willstätter | |
| 4 | Eugen Zucker | 3073 | G. | Analytische Verwertung der Reaktionen hydrolytisch gespaltener Metallsalze mit Alkalichlorat oder Nitrit. | | Hofmann | |
| 5 | Walter Mieg | 3030 | G. | Über eine Methode der Bestimmung und Trennung von Chlorophyllderivaten | Chem. Lab d. Staates | Willstätter | München |
| 6 | Oskar Burger | 4005 | G. | Zur Kenntnis der komplexen Verbindungen des Molybdäns und des Chroms. | | Sand | |
| 7 | Heinrich Kämmerer | 3043 | G. | Über das Verhalten von Blausäure gegen Phenylisocyanat. | | Dieckmann | |
| 8 | Walther Metzener | 1720 | G. | Zur Kenntnis der amphoteren Metalloxyde. | | Hofmann | |
| 9 | Fritz Breest | 3037 | G. | Zur Kenntnis der Acetylierung und Carbanilidbildung bei 1-3-Dicarbonylverbindungen. | | Dieckmann | |

## Universität München. Fortsetzung.

| Laufende No. | Name des Promovierten | No. des Verbands-zeugnisses | Vor-bildung | Titel der Dissertation | Bezeichnung des Laboratoriums | Name des Dozenten, welcher die Arbeit geleitet hat | Ort der Promotion ev. Fehlanzeige |
|---|---|---|---|---|---|---|---|
| 10 | **Ferdinand Hartl** | 4025 | G. | Beiträge zur Chemie des Goldes und des Wismuths. | Chem. Lab. d. Staates | Vanino | München |
| 11 | **Klaus Diehl** | 3061 | G. | Alkylierte Aminobenzophenone. | Chem. Lab. d. Staates | Willstätter | München |
| 12 | **Heinrich Hiendlmayer** | 4011 | Ap. | Verhalten von Ammoniak gegen Metallhydroxyde in Gegenwart schwacher Säuren. | Chem. Lab. d. Staates | Hofmann | München |
| 13 | **Paul Eppinger** | 4016 | Ap. | Untersuchungen über den Blutfarbstoff. | Chem. Lab. d. Staates | Piloty | München |
| 14 | **Heinrich von Diesbach** | 4003 | G. | Derivate substituierter Malonsäuren. | Chem. Lab. d. Staates | Einhorn | München |
| 15 | **Emil Seiler** | 3066 | R.-G. | Anlagerung von Metallchloriden an ungesättigte Moleküle. | Chem. Lab. d. Staates | Hofmann | München |
| 16 | **Max Benz** | 3074 | Ap. | Chinonazin und Azophenol. | Chem. Lab. d. Staates | Willstätter | München |
| 17 | **Hans Stenzl** | 3059 | G. | Die Addition der höheren Stickstoffoxyde an doppelt ungesättigte Kohlenwasserstoffe. | Chem. Lab. d. Staates | Wieland | München |
| 1 | **Otto Rosenthal** | 2814 | R.-G. | Über Verbindungen des vierwertigen Zinns mit fünfwertigem Vanadin, Phosphor und Arsen. | Lab. f. angew. Chemie | Dr. Wilh. Prandtl | München |
| 2 | **Fritz Lustig** | 4254 | Ap. (I) | Verbindungen, welche Vanadinsäure und selenige Säure enthalten. | Lab. f. angew. Chemie | Dr. Wilh. Prandtl | München |
| 3 | **Alfred Schaeffer** | 2816 | Ap. (I) | Über einige Hydrazin- und Merkaptanabkömmlinge und deren Bedeutung für die Analyse organischer Stoffe. | Lab. f. angew. Chemie | Dr. B. Pfyl | München |
| 4 | **Wilhelm Scheitz** | 2818 | G. | Ein Beitrag zur Kenntnis der im Safran vorkommenden Stoffe und eine neue Methode zur Wertbestimmung des Safrans. | Lab. f. angew. Chemie | Dr. B. Pfyl | München |

# Techniche Hochschule München.

| | | | | | | | |
|---|---|---|---|---|---|---|---|
| 1 | Herbert Teichner | fehlt[1] | O.-R.-Sch. | Über 1,2-Naphtochinon und Derivate desselben. | | | München |
| 2 | Friedrich Kunst | 2323 | Ind.-Sch. | Untersuchung höherer Fraktionen eines Petroleumgasteers. | Organ.-chem. Lab. | Schultz | |
| 3 | Wilhelm Heilbronner | fehlt | Ind -Sch. | Über die Sulfurierung des o-Nitro-o-Kresols. | Chem.-techn. Lab. | Schultz | |
| 4 | Bernhard Hauenstein | fehlt | Ind -Sch. | Beiträge zur Kenntnis des Carbazols. | Chem.-techn. Lab. | Schultz | |
| 5 | Georg Weiß | fehlt | Ind.-Sch. | Über die Bestimmung und Trennung von Zink und Nickel. | Anorgan.-chem. Lab. | Muthmann | |
| 6 | Otto Kalb | fehlt | Ind.-Sch. | Über die Nitrosierung von Acetyl-para-amidophenol und Diacetyldiamidophenol 1-2-4. | Chem.-techn. Lab. | Schultz | |
| 7 | Fritz Rennebaum | fehlt | Ind.-Sch. | Über das Verhalten von 3-Nitroparakresol zu Schwefelsäure. | Chem.-techn. Lab. | Schultz | |
| 8 | Otto Laue | 2313 | Gew.-Ab. | Konstitution der gemischten Azoverbindungen. | Organ.-chem. Lab. | Eibner | |
| 9 | Joseph Rosenfeld | 4752 | G. | Technische Untersuchungen über rumänisches Petroleum. | Chem.-techn. Lab. | Schultz | |
| 10 | Hans Beck | fehlt | Ind.-Sch. | Beiträge zur Kenntnis der Metalle der Cergruppe. | Anorgan.-chem. Lab. | Muthmann | |
| 11 | Wilhelm Kohlhaus | 2325 | Ind.-Sch. | Beiträge zur Kenntnis der Farbstoffe der Kongoreihe. | Chem.-techn. Lab. | Schultz | |
| 12 | Joseph Leibu | fehlt | G. | Enzymatische Prozesse beim Weichen, Keimen und darauffolgendem Trocknen der Gerste, des Weizens und des Roggens. | Gärungschem. Lab. | Lintner | |
| 13 | Rudolf Riedelbauch | fehlt | Ind.-Sch. | Untersuchungen über metallisches Vanadin, Niob und Tantal. | Anorgan.-chem. Lab. | Muthmann | |
| 14 | Heinrich Arnoldi | 2324 | Ind.-Sch. | Über Metallcyanide. | Anorgan.-chem. Lab. | Muthmann | |
| 15 | Rudolf Bernhard | 2320 | Ind.-Sch. | Über einige zum Dianilido-μ-cyanhydrobenzoïn in Beziehung stehende Verbindungen. | Organ.-chem. Lab. | Lipp | |

[1]) Die Kandidaten, denen kein Verbandszeugnis ausgestellt worden ist, haben das Diplomexamen oder das Lehramtskandidatenexamen gemacht.

## Technische Hochschule München. Fortsetzung.

| Laufende No. | Name des Promovierten | No. des Verbandszeugnisses | Vorbildung | Titel der Dissertation | Bezeichnung des Laboratoriums | Name des Dozenten, welcher die Arbeit geleitet hat | Ort der Promotion ev. Fehlanzeige |
|---|---|---|---|---|---|---|---|
| 16 | **Max Löbering** | 2312 | Gew.-Ak. | Zur Konstitution des Chinophtalons und Beiträge zur Frage der Konstitution des Pyrophtalons. | Organ.-chem. Lab. | Eibner | München |
| 17 | **Aldus Antonaz** | fehlt | O.-R.-Sch. | Zur Kenntnis der Chinaalkaloide. | Organ.-chem. Lab. | Lipp | München |
| 18 | **Hans Mendheim** | fehlt | Ind.-Sch. | Untersuchungen über Gips. | Chem.-techn. Lab. | Schultz | München |
| 19 | **Gustav Belschner** | fehlt | Ind.-Sch. | Bestimmung der Stärke in Cerealien durch Polarisation. | Gärungschem. Lab. | Lintner | München |
| 20 | **Ludwig Weiß** | fehlt | Ind.-Sch. | Die Phosphorverbindungen der Gerste und des Malzes. | Gärungschem. Lab. | Lintner | München |
| 21 | **Adolf Hiendlmayr** | fehlt | | Beiträge zur Chemie der Chrom- und Kobaltammoniake. | | | München |
| 22 | **Karl Lehrburger** | fehlt | Ind.-Sch. | Über die Sulfurierung des o-Nitro-m-Kresols. | Chem.-techn. Lab | Schultz | München |
| 23 | **Robert Röhler** | 2304 | Ind.-Sch. | Zur Konstitution der Chinophtalone. | Organ.-chem. Lab. | Eibner | München |
| 24 | **Robert Mandelbaum** | fehlt | Ind.-Sch. | Über Calciumborat und über die Bestimmung der Borsäure. | Anorgan.-chem. Lab. | Muthmann | München |

## Universität Münster i. W.

| Laufende No. | Name des Promovierten | No. des Verbandszeugnisses | Vorbildung | Titel der Dissertation | Bezeichnung des Laboratoriums | Name des Dozenten, welcher die Arbeit geleitet hat | Ort der Promotion ev. Fehlanzeige |
|---|---|---|---|---|---|---|---|
| 1 | **Theophil Silbermann** | 3967 | G. | Über die Einwirkung von organischen Ammoniakabkömmlingen auf Mucobromsäure und ihren Pseudoäthylester. | Techn. Hochsch. in Berlin | Liebermann | Münster i. W. |
| 2 | **Adolf Windelschmidt** | 4308 | G. Ab. | Studien über die gewichtsanalytische, insbesondere elektrolytische Bestimmung des Nickels. | Chem. Inst. d. Univ. | Thiel | Münster i. W. |

## Universität Rostock.

| | | | | | | | |
|---|---|---|---|---|---|---|---|
| 1 | Emil Müller | 3761 | G. I a | Über einige aromatische Acetylenderivate und Versuche in der Styrolreihe. | Univ.-Lab. | Prof. Kunckell | Rostock |
| 2 | Hans Klopstock | 2500 | G. I a | Über basische Derivate von 1-Phenyl 3-methyl 4-azobenzol und 4-azobenzol 5-chlorpyrazol. | Univ.-Lab. | Prof. Michaelis | Rostock |
| 3 | Friedrich Sibbern-Sibbers | 5836 | G. IIa Ap. I | Zur Kenntnis aromatischer Glycole. | Univ.-Lab. | Prof. Stoermer | Rostock |
| 4 | Dietrich Reininghaus | 3875 | G. IIa Ap. I | Über die o- und m-Phenylhydrazinocarbonsäure des Dimethylnicotinsäureesters und deren Derivate. | Univ.-Lab. | Prof. Michaelis | Rostock |
| 5 | Karl Hildebrandt | 1296 | G. I a | Zur Kenntnis phenylierter Cumarone | Univ.-Lab. | Prof. Stoermer | Rostock |
| 6 | Ludwig Klappert | 2848 | G. II a Ap. | Über das 1 o- und p-Tolyl 3-methyl 5-aminopyrazol und die entsprechenden Iminopyrine. | Univ.-Lab. | Prof. Michaelis | Rostock |
| 7 | Erich Asser | 4454 | G. Ab. | Beiträge zur Kenntnis der Claisenschen Zimtsäuresynthese. | Univ.-Lab. | Prof. Stoermer | Rostock |
| 8 | Erich Dulck | 2563 | G. I a | Über das 1 p-Tolyl-3-methyl 5-thiopyrazolon. | Univ.-Lab. | Prof. Michaelis | Rostock |
| 9 | Paul Riebel | 5148 | G. II a | Beiträge zur Kenntnis disubstituierter Glycole. | Univ.-Lab. | Prof. Stoermer | Rostock |
| 10 | Paul Kotelmann | 5154 | G. IIa Ap. I | Zur Kenntnis der Phenyl und Tolyl 5-methyl 3-pyrazolone. | Univ.-Lab. | Prof. Michaelis | Rostock |
| 11 | Hans Wrede | 3780 | G. I a | Über das 4-Amidoisoantipyrin und das 4-Amido 1-Methyl 3-phenylpyrazolon. | Univ.-Lab. | Prof. Michaelis | Rostock |
| 12 | Hermann Rumpf | 1043 | G. II a | Über Tolylarsenverbindungen und gemischte tertiäre Arsine. | Univ.-Lab. | Prof. Michaelis | Rostock |
| 13 | Walter Willert | 5822 | G. IIa Ap. I | Beiträge zur Kenntnis der in 5-Stellung phenylierter 3-Pyrazolone, sowie deren Isomeren in der 5-Reihe. | Univ.-Lab. | Prof. Michaelis | Rostock |
| 14 | Ernst August Struß | 5821 | G. I a | Über das 4-Nitrocumaron und seine Umwandlungsprodukte. | Univ.-Lab. | Prof. Stoermer | Rostock |
| 15 | Hans Horn | 2722 | G. I a | Zur Kenntnis einiger Pyrazolon- und Pyrazolidonderivate. | Univ.-Lab. | Prof. Michaelis | Rostock |

## Universität Strassburg.

| Laufende No. | Name des Promovierten | No. des Verbands-zeugnisses | Vorbildung | Titel der Dissertation | Bezeichnung des Laboratoriums | Name des Dozenten, welcher die Arbeit geleitet hat | Ort der Promotion ev. Fehlanzeige |
|---|---|---|---|---|---|---|---|
| 1 | **Ernst Ludewig** | 3505 | G. | Beiträge zur Kenntnis der Sebacinsäure. | Univ.-Lab. | Thiele | Straßburg |
| 2 | **Willi Peter** | 1875 | O.-R.-Sch. | Über aliphatische Abkömmlinge des mehrwertigen Jods. | Univ.-Lab. | Thiele | Straßburg |
| 3 | **Michael Kutscherow** | 3506 | Ruß. G. | Zur Kenntnis der Metallnitrosoverbindungen. | Univ.-Lab. | Kohlschütter | Straßburg |
| 4 | **Carl Barkow** | 2714 | Ap. Note I | Stereochemische Studien. | Priv.-Lab. Erlenmeyer | Erlenmeyer | Straßburg |
| 5 | **Hermann Haakh** | 4729 | G. | Über aliphatische Abkömmlinge des höherwertigen Jods. | Univ.-Lab. | Thiele | Straßburg |
| 6 | **Hans Goldschmidt** | 4161 | G. | Über die Existenzbedingungen chinoïder Kohlenwasserstoffe | Univ.-Lab. | Thiele | Straßburg |
| 7 | **Siegfried Hauser** | 4823 | R.-G. | Über die Reduktion einiger Metalloxyde durch Gase. | Univ.-Lab. | Kohlschütter | Straßburg |

## Technische Hochschule Stuttgart.

| Laufende No. | Name des Promovierten | No. des Verbands-zeugnisses | Vorbildung | Titel der Dissertation | Bezeichnung des Laboratoriums | Name des Dozenten, welcher die Arbeit geleitet hat | Ort der Promotion ev. Fehlanzeige |
|---|---|---|---|---|---|---|---|
| 1 | **Alexander Hofmann** | fehlt | Dipl.-Prfg. Ab. | Über das o-Anethol nebst einigen Nachträgen zur Kenntnis des p-Anethols. | Lab. f. allgem. Chem. | Hell | Stuttgart |
| 2 | **Wilhelm Jetter** | [fehlt | Dipl.-Prfg. Ab. | Über das 1,3 Diphenylpropenol und Derivate. | Lab. f. allgem. Chem. | Hell | Stuttgart |
| 3 | **Hermann Frank** | fehlt | Dipl.-Prfg. Ab. | Über das p-Nitrobenzolazoresorcin, einige seiner Derivate, sowie sein physikalisch-chemisches Verhalten als Farbstoff. | Lab. f. allgem. Chem. | Kauffmann | Stuttgart |
| 1 | **Richard Schall** | 2961 | O.-R.-Sch. Ab. | Synthetische Versuche mit Amidodiphensäuren und Studien in der Carbazolreihe. | Chem.-techn. Lab. d. techn. Hochschule Stuttgart | J. Schmidt | Stuttgart |

## Universität Tübingen.

| | | | | | | | |
|---|---|---|---|---|---|---|---|
| 1 | **Otto Penndorf** | 3018 | Ap. I | I. Beiträge zur Kenntnis der Naphtalsäure. | Univ.-Lab. Tübingen | W. Wislicenus | Tübingen |
| | | | | II. Kondensation von o- und p-Xylylencyanid mit Oxalester. | | | |
| 2 | **Theodor Sproesser** | 4218 | G. | Das Benzylmethylmetaamidophenol und seine Derivate. | Univ.-Lab. Tübingen | K. Bülow | |
| 3 | **Woldemar Gruhl** | 2868 | G. | Beiträge zur Kenntnis der fettaromatischen Diazoamidoverbindungen. | Univ.-Lab. Tübingen u. München | O. Dimroth | |
| 4 | **Ernst Breit** | 4377 | Ap. I | I. Einwirkung von Phenylhydrazin auf den Formylglutaconsäureester. | Univ.-Lab. Tübingen | W. Wislicenus | |
| | | | | II. Einwirkung fünfzigprozentiger Schwefelsäure auf β-Benzylstyrylpropiophenon und einige seiner Derivate. | Chem. Lab. d. techn. Hochschule Stuttgart | Bauer | |
| 5 | **Reinhold Krebs** | 4773 | Ap. I | Über Chromchloridsulfate und Chromsulfate. | Univ.-Lab. Tübingen | R. Weinland | |
| 6 | **Martin Waldmüller** | 4771 | G. | Über den Oxalbernsteinsäureäthyl- und methylester. | Univ.-Lab. Tübingen | W. Wislicenus | |

## Universität Würzburg.

| | | | | | | | |
|---|---|---|---|---|---|---|---|
| 1 | **Christian Zahn** | 2983 | G. abs. | Über Thioderivate aromatischer Aldehyde. | Chem. Inst. | Manchot | Würzburg. |
| 2 | **Otto Waßmuth** | 3455 | R.-G. abs. | Zur Kenntnis des Pyrrolidons. | | Tafel | |
| 3 | **Karl Zechentmayer** | 2977 | G. abs. | Über die Ferroverbindungen des Stickoxyds. | | Manchot | |
| 4 | **Paul Richter** | 3698 | G. abs. | Untersuchungen über das Titan. | | Manchot | |
| 5 | **Percy Houseman** | 2986 | Finsbury techn. Coll., London | Zur Kenntnis des Isopurons. | | Tafel | |

## Universität Würzburg. Fortsetzung.

| Laufende No. | Name des Promovierten | No. des Verbandszeugnisses | Vorbildung | Titel der Dissertation | Bezeichnung des Laboratoriums | Name des Dozenten, welcher die Arbeit geleitet hat | Ort der Promotion ev. Fehlanzeige |
|---|---|---|---|---|---|---|---|
| 6 | **Richard Kraus** | 2981 | G. abs. | Über die Verbindungen von Chrom und Uran mit mehrwertigen Elementen. | | Manchot | |
| 7 | **Georg Kraenzlein** | 2972 | Ind.-Sch. abs. | Über die Bildung von Thioderivaten aus aromatischen Aldehyden, Ketonen und Hydrolen. | Chem. Inst. | Manchot | |
| 8 | **Walter Schwerdt** | 3070 | R.-G. abs. | Über Beziehungen zwischen Konstitution, Farbe und Absorptionspektrum bei Triphenylmethanfarbstoffen. | | Reitzenstein | Würzburg |
| 1 | **Michael Siber** | 3457 | G. | Die Prozentverhältnisse von Kali und Natron in der Bierasche und Nachweis einer Neutralisation des Bieres. | Pharmazeut. Inst. | Medicus | |

# I

# Übersicht über die Promotionen.

Die Zahlen unter:

I. beziehen sich auf Promovierte **mit** Verbandszeugnis,
II. » » » » **ohne** » aber **mit** einer gleich- oder höherwertigen Prüfung,
III. » » » » **ohne** » und **ohne** gleich- oder höherwertige Prüfung,
IV. » » » » bei denen es nicht feststeht, ob nur die Nummer des Zeugnisses nicht zu ermitteln war, oder ob die Verbandsprüfung nicht abgelegt worden ist.
V. sind die Summen von I—IV.

| Ort | Charakter der Hochschule | Bezeichnung des Laboratoriums | I. | II. | III. | IV. | V. |
|---|---|---|---|---|---|---|---|
| Aachen | Technische Hochschule | Org. Lab. | — | 1 | — | — | 1 |
| Berlin | Universität | I. Ch. Lab. | 41 | 1 | — | — | 42 |
| Berlin | » | Ph.-Ch. Inst. | 4 | — | — | — | 4 |
| Berlin | Technische Hochschule | Anorg. Lab. | 2 | — | — | — | 2 |
| Berlin | » » | Org. Lab. | 6 | — | — | — | 6 |
| Berlin | » » | El.-Ch. Lab. | 4 | — | — | — | 4 |
| Berlin | » » | Techn.-Ch. Lab. | — | (3)[1] | — | — | (3) |
| Berlin | Landwirtsch. Hochschule | Ch. Lab. | 3 | — | — | — | 3 |
| Bonn | Universität | Ch. Lab. | 7 | 1 | — | — | 8 |
| Braunschweig | Technische Hochschule | Ch. Lab. | 2 | — | — | 1 | 3 |
| Breslau | Universität | Ch. Inst. | 6 | — | — | — | 6 |
| Breslau | » | Landw.-techn. Inst. | 2 | — | — | — | 2 |
| Dresden | Technische Hochschule | Ch. Labb. | 11 | 2+(1) | — | — | 13+(1) |
| Erlangen | Universität | Ch. Lab. | 11 | 1 | — | — | 12 |
| Freiburg | » | Ch. Lab. (philos. Abt.) | 20 | — | — | — | 20 |
| Gießen | » | Ch. Lab. | 6 | — | — | — | 6 |
| Gießen | » | Ph.-Ch. Inst. | 5 | — | — | 1 | 6 |
| Göttingen | » | Allg. Ch. Lab. | 11 | — | — | — | 11 |
| Göttingen | » | Anorg.-Ch. Inst. | 3 | — | 1 | — | 4 |

[1]) Die eingeklammerten Zahlen beziehen sich auf Promotionen an ausländischen Hochschulen.

| Ort | Charakter der Hochschule | Bezeichnung des Laboratoriums | I. | II. | III. | IV. | V. |
|---|---|---|---|---|---|---|---|
| Göttingen | Universität | Agrik.-chem. Lab. | 3 | — | — | — | 3 |
| Greifswald | » | Ch. Inst. | 2 | — | — | — | 2 |
| Halle | » | Ch. Inst. | 5 | 1 | — | — | 6 |
| Hannover | Technische Hochschule | Org.-Ch. Lab. | 1 | — | — | 3 | 4 |
| Heidelberg | Universität | Ch. Labb. | 15 | — | — | — | 15 |
| Jena | » | Ch. Labb. | 10 | — | 1 | — | 11 |
| Karlsruhe | Technische Hochschule | Ch. Labb. | 7 | — | — | — | 7 |
| Kiel | Universität | Ch. Lab. | 12 | — | — | — | 12 |
| Leipzig | » | Ch. Lab. | 17 | — | — | — | 17 |
| Leipzig | » | Ph.-Ch. Inst. | 4 | — | — | — | 4 |
| Leipzig | » | Lab. f. angew. Ch. | 9 | — | — | — | 9 |
| Leipzig | » | Ch. Lab. d. physiol. Inst. | 3 | — | — | — | 3 |
| Marburg | » | Ch. Inst. | 13 | — | — | — | 13 |
| Marburg | » | Pharm.-Ch. Inst. | 3 | — | — | — | 3 |
| München | » | Lab. des Staates | 17 | — | — | — | 17 |
| München | » | Lab. f. angew. Ch. | 4 | — | — | — | 4 |
| München | Technische Hochschule | Ch. Labb. | 8 | 16 | — | — | 24 |
| Rostock | Universität | Ch. Lab. | 15 | — | — | — | 15 |
| Straßburg | » | Ch. Labb. | 7 | — | — | — | 7 |
| Stuttgart | Technische Hochschule | Lab. f. allg. Ch. | — | 3 | — | — | 3 |
| Stuttgart | » » | Ch.-techn. Lab. | 1 | — | — | — | 1 |
| Tübingen | Universität | Ch. Lab. | 6 | — | — | — | 6 |
| Würzburg | » | Ch. Inst. | 8 | — | — | — | 8 |
| Würzburg | » | Pharm. Inst. | 1 | — | — | — | 1 |
| | | | 315 | 26+(4) | 2 | 5 | 348+(4) |

K

# Alphabetisches Verzeichnis der Kandidaten.

E bezieht sich auf Ergänzungsprüfung.
P ,, ,, ,, Promotion.
V ,, ,, ,, Verbandsprüfung.

Mallison, Heinrich 25. V.
Manasse, Wilhelm 44. P.
Mandelbaum, Robert 66. P.
Mandowsky, Kurt 22. V.
Marben, Emil 46. P.
Marck, Albert 57. P.
Margolis, Moses 29. V.
Marsson, Victor 35. V.
v. Martins, Kurt 16. V.
Marx, Karl 48. P.
Masius, Morton 31. V., 41. E.
Massenez, Carl 43. P.
Mathewson, Champion Herbert 54. P.
Mathewson, Walter 26. V.
Matthes, Otto 24. V.
Mattenklodt, Karl 26. V.
Maurenbrecher, A. D. 54. P.
Max, Jules 43. P.
Mayer, Willy 54. P.
Mechtersheimer, Gustav 29. V.
Mecklenburg, Werner 57. P.
ter Meer, Fritz 25. V.
Meier, August 29. V.
Melzer, Wilhelm 21. V.
Mendheim, Hans 66. P.
Merckle, Else 33. V.
Merkel, Benedikt 25. V.
Merkel, Franz 31. V.
Merkelbach, Walter 52. P.
Mermod, Eric 46. P.
v. Merscheidt-Hüllessem, Arth. 51. P.
Merz, Friedrich 22. V.
Metzner, Walter 63. P.
Meyer, Gerhard 59. P.
Meyer, Wilhelm 26. V.
Mezger, Robert 36. V.
Michels, Albert 53. P.
Mieg, Walter 63. P.
Mielck, Johann 63. P.
Mielk, Hildemar 35. V.
Miller, Martin 34. V.
Mitscherlich, Harbord 34. V.
Moebis, Ernst 16. V.
Möhrke, Hans 16. V.
Molinaeus, Eugen 19. V.
Morawitz, Hugo 31. V.
Moschel, Fritz 34. V.
Moser, Hans 36. V.
Moskopp, Paul 30. V.
Müller, Carl 53. P.
Müller, Emil 67. P.
Müller, Erich 16. V.
Müller, Ernst 59. P.
Müller, Ernst Wolfgang 32. V.
Müller, H. 63. P.
Müller, Julius 18. V.
Müller, Julius 46. P.
Müller, Karl 26. V.
Müller, Willy 53. P.
Mulch, Theodor 25. V.
Mustad, Ole 23. V.
Mylo, Bruno 43. P.

Naebe, Friedrich 49. P.
Nassauer, Oskar 33. V.
Naumann, Carl 32. V.
Naumann, Wilhelm 28. V.
Neizert, Karl 47. P.
Netscher, Hans 61. P.
Netz, Erich 40. E., 57. P.
Neumann, George 20. V.
Neumann, James 21. V.
Neumann, Max P. 55. P.
Neustadt, Joseph 21. V.
Nielsen, Carl 42. P.
Niemeyer, Rudolf 27. V.
Niiranen, Weikko 58. P.
Niklas, Johann 35. V.
Nobis, Alfred 23. V.
Nolda, Ernst 16. V.
Novikow, Wassili 31. V.

Ohl, Hermann 51. P.
Orechow, Alexander 28. V.
Oryng, Tadeus 31. V.
Osterburg, Johannes 55. P.
Ostertag, August 34. V.
Ostwald, Erhard 18. V.
Ott, Erwin 36. V.
Ott, Karl 33. V., 41. E.
Otto, Markus 36. V.

Paschke, Alexander 27. V.
Pauli, Karl 27. V.
Pauly, Friedrich 28. V.
Penndorf, Otto 69. P.
Perlstein, Heinrich 25. V.
Person, Michael 23. V.
Peter, Willi 68. P.
Peters, Gustav 17. V.
Pfannschmidt, Andreas 20. V.
Pfleiderer, Georg 16. V.
Pfotenhauer, Hermann 48. P.
Picton, Norman 31. V.
Pier, Mathias 18. V.
Pillow, Albert 15. V.
Pilz, Oskar 62. P.
Pines, Boris 25. V.
Pinner, Ernst Ludwig 16. V.
Pisano, Giovanni 18. V.
Pisovski, Ilie 18. V.
Plöcker, Philipp 48. P.
Plüddemann, Werner 30. V.
Poff, Alfred 30. V.
Pohl, Heinrich 45. P.
Pollatz, Walter 41. E.
Pollitzer, Franz 16. V.
Poludniok, Alfred 17. V.
Popovice, Nicolaj 21. V.
Popovici, Joan 43. P.
Potter, Francis 56. P.
Prager, Willy 29. V.
Praussnitz, Paul 23. V.
Preusser, Ferdinand 28. V.
Profitlich, Wilh. Otto 47. P.
Proske, Heinrich 21. V.
Pummerer, Rudolf 63. P.
Puttkammer, Georg 20. V.

Quade, Fritz 42. P.

Raabe, Felix 28. V.
Raeder, Björn 22. V.
Raichenstein, David 30. V.
Raicom, Abraham 26. V.
Rammstedt, Otto 57. P.
Ranft, Armin 36. V.
Rapp, Franz 33. V., 41. E.
Rasch, Otto 28. V.
Rasel, Eduard 33. V.
Raßbach, W. 63. P.
Rath, Julius 47. P.
Ratig, Fritz 46. P.
Reclaire, August 54. P.
Rehbein, Gustav 31. V.
Reichenbach, Ernst 21. V.
Reinbeck, Ernst 33. V.
Reinhardt, Johannes 50. P.
Reininghaus, Dietrich 67. P.
Reischle, Ferdinand 37. V.
Reise, Adolf 25. V., 53. P.
Reitz, Adolf 36. V.
Remmert, Paul 17. V.
Remy, Eduard 37. V.
Renger, Georg 37. V.
Rennebaum, Fritz 65. P.
Renz, Kurt 34. V.
Richard, Ludwig 52. P.
Richter, Paul 69. P.
Riebel, Paul 67. P.
Riedelbauch, Rudolf 65. P.
Riedmaier, Franz 34. V.
Riemer, Johannes 48. P.
Rießer, Otto 56. P.
Riken, Richard 45. P.
Rimele, Eugen 27. P.
Rimpel, Chaim 44. P.
Ringe, Oskar 16. V.
Ripke, Otto 29. V.
Ritter, Karl 40. E., 57. P.
Roch, Heinrich 22. V.
Röhler, Robert 66. P.
Roelfs, Rudorf 20. V.
Römer, Fritz 50. P.
Roesicke, Adolf 24. V.
Rösing, Georg 47. P.
Rohdich, Otto 21. V.
Rollett, Adolf 32. V.
Rorive, Fernand 26. V.
Roschke, Kurt 26. V.
Rosenbach, Adolf 25. V.
Rosenburg, Arthur 61. P.
Rosenfeld, Joseph 65. P.
Rosenhaupt, Wilhelm 50. P.
Rosenmund, Karl 43. P.
Rosenstein, Lazarus 25. V.
Rosenthal, Otto 64. P.
Roters, Paul 50. P.
Roth, Carl 24. V.
Rothacker, Oscar 23. V.
Rother, Paul 49. P.
Rothlauf, Leonh. 33. V., 41. E.
Rottsieper, Werner 26. V.
Rücker, Robert 18. V.

Verlag von VEIT & COMP. in Leipzig

# Die ätherischen Öle

## nach ihren chemischen Bestandteilen unter Berücksichtigung der geschichtlichen Entwicklung.

Von

## Dr. F. W. Semmler,

**o. Honorarprofessor an der Universität Greifswald.**

Vier Bände in Royal-Oktavformat.

1906/7. geh. 132 ℳ, geb. in Halbfranz 146 ℳ.

Erster Band. **Allgemeiner Teil. Methanderivate.** 1906.
geh. 40 ℳ, geb. in Halbfranz 43 ℳ 50 ₰.

Zweiter Band. **Hydriert-cyklische Verbindungen. Kohlenwasserstoffe.** 1906.
geh. 30 ℳ, geb. in Halbfranz 33 ℳ 50 ₰.

Dritter Band. **Sauerstoffhaltige Verbindungen der hydriert-cyklischen Reihe.** 1906.
geh. 38 ℳ, geb. in Halbfranz 41 ℳ 50 ₰.

Vierter Band. **Benzolderivate und heterocyklische Verbindungen. Register zum Gesamtwerke.** 1907. geh. 24 ℳ, geb. in Halbfranz 27 ℳ 50 ₰.

Der seit 20 Jahren auf dem Gebiete der ätherischen Öle wissenschaftlich und praktisch mit anerkanntem Erfolg tätige Verfasser war wie kein anderer zur Abfassung eines Werkes berufen, das dem bestehenden Bedürfnis nach einer Gesamtübersicht über das umfangreiche Gebiet der ätherischen Öle unter Heranziehung aller von der Chemie sowie von der Physik gebotenen Hilfsmittel gerecht wird. Für den mit den ätherischen Ölen sich beschäftigenden Forscher, wie für den in der Praxis stehenden Chemiker ist das Semmlersche Werk ein unentbehrliches Hand- und Nachschlagebuch. Als Leistung eines einzelnen ist das innerhalb eines Zeitraumes von nicht ganz zwei Jahren vollständig erschienene Werk geradezu bewundernswert; in der modernen chemischen Literatur, wie überhaupt auf dem Gebiete der exakten Wissenschaften kann sich ihm kein anderes an die Seite stellen. Ganz besondere Sorgfalt ist auf Vollständigkeit der Literaturangaben verwandt. So ist ein grundlegendes Werk aus einem Guß entstanden, das zu den standard works der internationalen wissenschaftlichen Literatur gezählt werden wird.

FSC
www.fsc.org
MIX
Papier | Fördert
gute Waldnutzung
FSC® C083411

Kolibri 360 GmbH
Ferdinand-Jühlke-Straße 7
99095 Erfurt, Deutschland
produktsicherheit@kolibri360.de